U0695968

全民科普　创新中国

动物奇趣有多少

冯化太◎主编

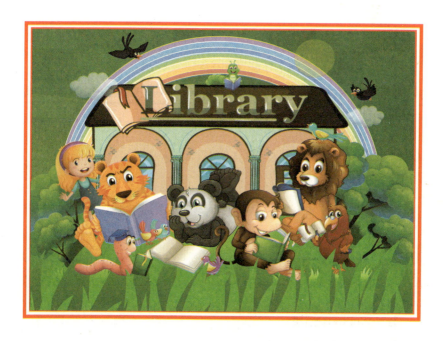

汕头大学出版社

图书在版编目（CIP）数据

动物奇趣有多少 / 冯化太主编. -- 汕头 ：汕头大学出版社，2018.8（2023.5重印）

ISBN 978-7-5658-3695-4

Ⅰ．①动… Ⅱ．①冯… Ⅲ．①动物－青少年读物 Ⅳ．①Q95-49

中国版本图书馆CIP数据核字（2018）第164013号

动物奇趣有多少   *DONGWU QIQU YOU DUOSHAO*

主　　编：冯化太
责任编辑：汪艳蕾
责任技编：黄东生
封面设计：大华文苑
出版发行：汕头大学出版社
　　　　　广东省汕头市大学路243号汕头大学校园内　邮政编码：515063
电　　话：0754-82904613
印　　刷：北京一鑫印务有限责任公司
开　　本：690mm×960mm 1/16
印　　张：10
字　　数：126千字
版　　次：2018年8月第1版
印　　次：2023年5月第2次印刷
定　　价：45.00元
ISBN 978-7-5658-3695-4

前 言

PREFACE

习近平总书记曾指出："科技创新、科学普及是实现创新发展的两翼，要把科学普及放在与科技创新同等重要的位置。没有全民科学素质普遍提高，就难以建立起宏大的高素质创新大军，难以实现科技成果快速转化。"

科学是人类进步的第一推动力，而科学知识的学习则是实现这一推动的必由之路。特别是科学素质决定着人们的思维和行为方式，既是我国实施创新驱动发展战略的重要基础，也是持续提高我国综合国力和实现中华复兴的必要条件。

党的十九大报告指出，我国经济已由高速增长阶段转向高质量发展阶段。在这一大背景下，提升广大人民群众的科学素质、创新本领尤为重要，需要全社会的共同努力。所以，广大人民群众科学素质的提升不仅仅关乎科技创新和经济发展，更是涉及公民精神文化追求的大问题。

科学普及是实现万众创新的基础，基础更宽广更牢固，创新才能具有无限的美好前景。特别是对广大青少年大力加强科学教育，使他们获得科学思想、科学精神、科学态度以及科学方法的熏陶和培养，让他们热爱科学、崇尚科学，自觉投身科学，实现科技创新的接力和传承，是现在科学普及的当务之急。

近年来，虽然我国广大人民群众的科学素质总体水平大有提高，但发展依然不平衡，与世界发达国家相比差距依然较大，这已经成为制约发展的瓶颈之一。为此，我国制定了《全民科学素质行动计划纲要实施方案（2016—2020年）》，要求广大人民群众具备科学素质的比例要超过10%。所以，在提升人民群众科学素质方面，我们还任重道远。

我国已经进入"两个一百年"奋斗目标的历史交汇期，在全面建设社会主义现代化国家的新征程中，需要科学技术来引航。因此，广大人民群众希望拥有更多的科普作品来传播科学知识、传授科学方法和弘扬科学精神，用以营造浓厚的科学文化气氛，让科学普及和科技创新比翼齐飞。

为此，在有关专家和部门指导下，我们特别编辑了这套科普作品。主要针对广大读者的好奇和探索心理，全面介绍了自然世界存在的各种奥秘未解现象和最新探索发现，以及现代最新科技成果、科技发展等内容，具有很强的科学性、前沿性和可读性，能够启迪思考、增加知识和开阔视野，能够激发广大读者关心自然和热爱科学，以及增强探索发现和开拓创新的精神，是全民科普阅读的良师益友。

目 录
CONTENTS

大熊猫的生存之谜

大熊猫繁殖能力低

人们都知道，可爱的大熊猫是世界上最珍贵的动物之一。但是大熊猫繁殖困难，面临灭绝的危险。

从1937年至今，我国出口的大熊猫已有39只，存活到现在的只有14只。怎样提升大熊猫的繁殖能力，这一直困扰着人们。

在这么长的时间里，只有日本的"兰兰"怀过一次孕，墨西哥的"迎迎"产过一次崽。这是什么原因呢？

美国华盛顿动物园主任里德博士认为，由于大熊猫的生殖器官发育得不健全，

因此不能顺利地进行交配。生殖器官的先天性缺陷，可能是导致大熊猫濒临灭种的主要原因。还有人发现，雄性大熊猫不发情或很少发情，这也可能是导致它们繁殖能力低下的原因之一。

大熊猫的食物习性

除此之外，大熊猫奇特的食物习性也令人不解。它们吃东西很挑剔，只吃很少的几种竹子，并且不吃老竹，不吃开花结籽的竹，只吃竹子的中段，竹笋只吃笋肉，但若被其他动物碰过，它们绝对不吃。可有时也吃草、树皮、朽木、沙土、石块、铁、山羊肉、野兽尸体等。

它们的活动范围又很小，只局限在海拔3000米左右。如果大熊猫生活范围内的竹子枯死，它们宁肯饿死，也不到别的地方去觅食，这实在让人费解。

大熊猫的人工饲养

1963年9月14日，第一只人工圈养的大熊猫在北京动物园诞生。那时，何光昕作为北京动物园的工作人员，值了两个月的夜班。

他回忆说，那时环境要绝对安静，除个别投食的饲养员，任何人不得接近大熊猫母子。真是比伺候"万岁爷"还小心百倍。

但是，大熊猫毕竟与黑熊和小熊猫不一样，它们应该有自己的生活规律。不弄清楚熊猫妈妈的生活习惯和行为规律，就无法提高幼仔成活率。他大胆接近熊猫妈妈，把丢弃的幼仔拾去人工喂养，又引发不少难题：

例如，育幼箱需要保持多高的温度，给它们喂什么奶？工作人员沿用人工哺育老虎、狮子幼仔的经验，因陋就简，钉个木箱，在木箱里安上个灯泡，保持30摄氏度左右的温度，结果幼仔冷得不行，两三天就被冻死了。

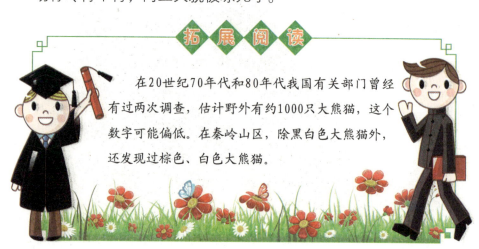

拓 展 阅 读

在20世纪70年代和80年代我国有关部门曾经有过两次调查，估计野外有约1000只大熊猫，这个数字可能偏低。在秦岭山区，除黑白色大熊猫外，还发现过棕色、白色大熊猫。

有趣的动物追悼会

奇妙的现象

　　不少动物学家发现，很多动物对死亡的同类有悼念之情，并且有各种形式的葬礼，有些葬礼居然还很隆重。现在，动物学家们还不能解释这些动物情感的现象。许多专家试图从社会学角度来探讨这一奥秘。

大象的葬礼

大象的这种情感现象表现最为突出。老象一死，为首的雄象用象牙掘松地面的泥土，用鼻子卷起土块，朝死象投去。接着众象也纷纷照办，很快将死象掩埋。然后，为首的雄象带着众象踩土，一会儿就筑成一座象墓。此时雄象一声大叫，众象便绕着象墓慢慢行走，以示哀悼。

鹤的葬礼

鹤是极富感情的禽类。生活在北美沼泽地的灰鹤，每发现死亡的同类，便会久久地在尸体上空来回盘旋。然后，由首领带着飞落地面，默默地绕着尸体转，悲伤地瞻仰死者的遗容。西伯利亚的灰鹤却保持着葬礼形式，它们停立在尸体跟前，发出凄惨的叫声。突然，首领鹤长鸣一声，顿时众鹤沉默不语，眼中似乎泪光闪闪，一个个低垂着脑袋，好像在参加庄严的追悼会一样。

野山羊的葬礼

澳洲草原上的野山羊见到同类的尸体后伤心不已，它们愤怒地用头角猛撞树干，使之发出阵阵轰鸣声，这同人类鸣枪致哀大同小异。

文鸟的葬礼

亚马逊河流域的森林中，生活着一种体态娇小的文鸟，它们的葬礼也许是动物世界中最为文明的。它们叼来绿叶、浆果和五颜六色的花瓣，撒在同类的尸体上，以示悼念。

拓展阅读

亚洲有一种獾类选择的是"水葬"。如果有只獾发现了同类的尸体，它就招来同伴将尸体拖入河水中，随后，伤心的獾群便站在河边，一边望着汹涌的河水，一边哀鸣不止。

非洲象的生活秘密

以岩石为食物的象

　　非洲成年象体重一般在4吨以上，大的可将近10吨。研究表明，非洲象有两种：非洲草原象和非洲森林象。常见的非洲草原象是世界上最大的陆生哺乳动物，耳朵大且下部尖，不论雌、雄象都有长而弯的象牙，性情极其暴躁，会主动攻击其他动物。

　　和亚洲象一样，非洲象也用它们的鼻子来闻、吃、交流、控制物体、洗澡和喝水。非洲象鼻子的前端有两个像手指一样的突出物来帮助它们控制物体。东非国家肯尼亚的艾尔刚山区，是非洲象经常出入的地方，那里有很多奇怪的岩洞，其中最有名的就是基塔姆山洞。令当地人惊讶的是在每年干旱的季节里，常常看到非洲象成群结队地走进山洞。大象们缓慢地穿过狭窄的通道，来到阴暗潮湿的大洞里，用长长的象牙，在洞壁上挖凿一块又一块岩石，接着又用自己的大鼻子卷起岩石，一块一块地吞到肚子里。吞完岩石以后，它们在山洞里稍微休息了一会儿，领队的非洲象就发出集合的信号，象群又排着队走出山洞。

非洲象吞岩石的原因

　　非洲象吞吃岩石的怪事儿传开以后，动物学家们感到十分惊奇。非洲象是吃植物的，怎么会吞吃起岩石？这让人迷惑不解。

后来，动物学家们专程来到肯尼亚的艾尔刚山区，进行了考察和研究，这才真相大白。原来在非洲象吃的植物里，硝酸钠盐的含量太少，而在这些山洞的岩石中，这种矿物质的含量却很高，差不多是这个地区植物含盐量的一百多倍。非洲象吞吃岩石，就是为了补充食物中缺乏的这种盐分。在干旱季节里，身躯庞大的非洲象会大量出汗和分泌唾液，身体里的盐分消耗特别大，因此需要补充的盐分也就更多了。这个解释比较科学，大多数动物学家都接受和认同了这个说法。

神奇山洞形成之说

非洲象经常出入的神奇山洞是怎样形成的？对于这个有趣的问题，不同学科的专家们提出了不同的见解。

有的地质学家认为，这些山洞是早期火山爆发的时候，由

喷射的气泡形成的。可是经过深入考察，从山洞的巨大空间和不规则的形状来看，这是不可能的事，所以，他们又推翻了自己原来的判断。一些考古学家开始提出，这些山洞可能是当地土著居民挖掘的，可是一查有关的文献资料，这些土著居民的祖先当时还很落后，根本就没有挖掘这么大山洞的工具。因此，这个说法也是站不住脚的。

动物学家的新解释

非洲象在艾尔刚山区已经生活了200多万年了，如果它们每星期挖掘一次岩石，像基塔姆那样大的山洞，只要10万年就可以挖成了。所以，这些山洞很可能是非洲象挖的，为了补充食物中缺乏的盐分，它们世世代代地挖呀、吞呀，最后挖成了这些神奇的山洞。但这只是一种推理性的解释，还没有人真正解开这个千古之谜。地质学家、考古学家还将进一步研究、探讨。

神奇的交流方式

英国一所大学研究人员在位于肯尼亚的国家公园录制了一些非洲大象母亲用来进行联系的低频的呼声，这些声音是大象用来确认个体时所使用的语言，也是大象社会生活的一部分。在记录下哪些大象经常碰面，哪些互不交往后，研究人员把这些叫声放给27个大象群体听并观察它们的反应。

如果它们认识这发出叫声的大象，它们就会回应，如果不认识的话，它们要么干脆忽略，要么只是听而没有任何反应。

研究表明，它们能够分辨来自其他14个大象群体所发出的声音，研究人员认为，每头非洲大象能辨认其他100多头大象发出的叫声。1985年，美国纽约州康乃尔大学的研究人员佩思在观察一群大象时，忽然觉得空气中有一种间歇性的震动。佩思又发现，这种震动正好与一头大象前额上眉的颤动相吻合。

　　后来，佩思和同事一起，用先进的超声波记录仪器证实了她的猜想：她先前感觉到的震动，是低频声波引起的，这种声波人类听不到，用磁带可以记录下来。研究人员还发现，雌象可以隔着混凝土墙壁与雄象交流呢！

拓展阅读

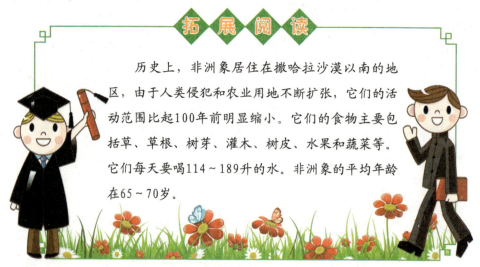

　　历史上，非洲象居住在撒哈拉沙漠以南的地区，由于人类侵犯和农业用地不断扩张，它们的活动范围比起100年前明显缩小。它们的食物主要包括草、草根、树芽、灌木、树皮、水果和蔬菜等。它们每天要喝114~189升的水。非洲象的平均年龄在65~70岁。

海豚竟然当间谍

船员神秘失踪

两艘黑漆漆的潜水艇,静悄悄地卧在大海深处。突然它们的潜水舱被启开了,五六个人影钻了出来。他们全是"黑鲨"特别分队的成员,并且专门负责袭击B国在太平洋的最大军港——金兰湾的特别分队。他们已成功地进行了多次袭击,搅

得B国驻金兰湾的司令兰姆上校日夜不得安宁而又束手无策。

　　这次和历次行动一样，他们的目标依然是金兰湾。就在他们将要接近目标时，突然，一个庞大的黑影出现在他们面前，没等他们看清对方的模样，就一个个地失去了知觉，无声地沉入了大海。潜艇一直等到天快亮时，才不得不离开这片海域。这是从来没有过的，五六个黑鲨队员竟都未回，全部神秘地失踪了，究竟遭到了什么意外？

官员疑惑不解

　　第二天，两架超高空侦察机，便出现在金兰湾的上空和附近海域。它们拍下的照片被迅速送到了基地指挥官的手中。让他们难以置信的是，他们竟然看到了黑鲨分队成员的踪迹——那是两具漂浮在海上的尸体。究竟发生了什么事呢？基地指挥官百思不得其解。他们只得命令下属的舰队加强警戒，密切注意金兰湾的动向，搜集一切有价值的情报。

但奇怪的是他们不但没有获得任何情报，还暴露了自己的行踪。那些外出活动的军舰、潜艇经常受到了B国军舰和雷达的监视，就连最为机密的核动力潜艇的燃料数据竟然也泄露了。基地指挥官不得不开始怀疑内部出现了B国的间谍，命令保卫部门严格审查，一定要设法挖出这个可恶的探子。

间谍竟是海豚

此时，B国金兰湾军港司令兰姆上校正喝着杜松子酒，和

部下谈笑，还有他的得力助手露茜。正是依靠她的卓越才能，才使兰姆上校成功地实施了"幽灵行动计划"，给了黑鲨特别分队一个措手不及的打击，消除了金兰湾军港的一大隐患。

露茜小姐作为一名优秀驯兽员，她曾教会了海豚许多拿手的表演项目，而作为军事行动则是头一回。他们边训练边摸索，利用海豚灵敏的自然声呐和快速游泳术进行水下巡逻和格斗，还训练它们布雷、扫雷、跟踪潜水艇等各种本领。经过几个月的努力，他们终于获得成功，兰姆上校开始实施他的"幽灵计划"。

计划实施过程

海豚们穿着特制的装甲，鳍肢和口鼻上装着锋利的尖刀。

这样，即使潜水员掏出必备的防鲨枪和刀也无能为力了。海豚闪电一般地冲向那些黑鲨队员，用锋利的尖刀割断了他们的供气软管和面罩，有的则直接刺向他们身体的要害。

不一会儿工夫，那些黑鲨队员们便无一逃脱厄运。第二天，"幽灵"继续行动，跟踪那些出来寻找黑鲨队员的军舰。一头海豚甚至将一个微型探测仪，吸附到了核潜艇的底部。结果当驯兽员把它取回之后，兰姆上校便得到了核潜艇的动力数据，这是个极有价值的情报。

　　兰姆上校指挥自己的海空力量，对黑鲨进行严密监视，从而确保了金兰湾军港的安全。而此时，对方还正在大规模地清查间谍，他们哪里知道，间谍此时正活跃在海底。

拓展阅读

　　1973年，前苏联的一艘新式核潜艇刚下水，美国情报部门就掌握了这一情报。不过，令他们感到头疼的是无法弄到有关这艘潜艇上核燃料的数据。最后，他们派一头经过美国海军专门训练的海豚，头顶一个微型探测仪，神不知鬼不觉地得到了情报。

可怕的食人鲨鱼

大白鲨经常伤人

鲨鱼有"海上恶魔"之称，渔民或海员无不谈鲨色变。而在鲨鱼中，最厉害的当属吃人鲨了。吃人鲨也叫大白鲨，是鲨鱼中的巨无霸。

　　1989年1月28日，在美国洛杉矶以北不远的海面上，随浪漂来一具女尸。女尸身上伤痕累累，仅腿部一处伤口的宽度就达0.33米。人们根据死者身上的情况和出事地点判断，她是遇上了大白鲨，像这样和大白鲨相关的消息层出不穷。一提起大白鲨，人们就不寒而栗，把它称为"白色的死神"。

大白鲨的真面目

　　大白鲨是分布最为广泛的鲨鱼之一，这是因为它有一种不寻常的能力，可以让自己保持住高于环境温度的体温，而这让它们即使在非常冷的海水里也可以适意地生存。虽然很难在大多数的沿海地区看到它们，但渔船和潜水船经常会与其不期而遇。

　　大白鲨体长一般在7米左右，最长的可达12米，重约1800

千克。大白鲨属于软骨鱼类，体侧肌肉发达，力量强大。它们的嗅觉特别灵敏，尤其是对血腥味，从很远处它们就能闻得到。

最让人望而生畏的是大白鲨那锐利的牙齿，每个牙的齿刃上都有小锯齿，这些牙齿成排地排列，最多的可达7排。

此外，它们身体的表面上还覆盖着无数锐利的鳞片，每片鳞片都像一排锋利的刀刃，只要在人身上擦一下，就会刮下大片皮肉来。

对大白鲨的研究

现在人们想要弄明白的是大白鲨为什么要向人进攻？因为海洋动物学家们认为，大白鲨虽然十分凶残，但它们很少袭击人。

据统计，每年数以亿计的在大海里游泳的人中，只有极少数人遭到大白鲨的袭击，而其中的80%只是受了点儿伤而已。

　　那么，它们为什么要袭击人呢？有人认为，那纯属判断错误，它们误将落水者或在海里游泳的人当成海豹或海狮了。还有人认为，大白鲨向人进攻，可能是向闯进它们领域的人发出的警告。也有人认为，大白鲨向人进攻，也许是它们体内某种平衡机制被打乱所致。

　　人们还发现，凶神恶煞般的大白鲨，竟然怕橙黄色。只要放一块橙黄色木板在大白鲨旁边，它们就会马上走开。这又是怎么回事呢？

　　由于大白鲨性情凶猛，喜欢单独活动，并且广泛地分布在世界大部分海洋里，这就给研究工作带来了很大的困难，人们

至今也没有弄清楚其种群的数量。

鲨鱼救护之谜

1986年1月5日，到南太平洋斐济群岛旅游观光的美国佛罗里达州立大学教育系学生罗莎琳小姐从马勒库拉岛乘轮渡返回苏瓦。

轮渡在海上航行了约半个小时，罗莎琳忽然听到有人高声喊叫："船漏水了！"顿时船上乱作一团。

罗莎琳急忙穿上船上预先准备着的救生衣，和两位一起去旅游的同学挣扎着爬上了一艘救生艇。

　　这艘救生艇上挤着18位逃生者，由于人太多，小艇随时有翻沉的危险。

　　小艇在波涛中颠簸了两三个小时以后，远处出现了一线陆地。心细胆大的罗莎琳率先跳入海中，她回头高声喊道："胆大的跟我游过去，陆地不远了，不要再坐那该死的小艇了！"接着就有七八个人跟着她跳入海中。这时她看了一下手表，时间是当天的16时05分。

　　罗莎琳是出色的游泳能手，但海里浪头太大了，她无法发挥自己的特长，只好让水流带着她往前漂。

　　罗莎琳在海上漂泊了几个小时。暮色渐渐地笼罩着海面，一轮明月冉冉升起。

　　忽然，她看到远处一根黑色的木头迅速向她漂过来，很快她就看清楚原来是一条大鲨鱼！

　　罗莎琳惊恐万分，她感到自己已死到临头了，不禁伤心地哭了起来。

　　鲨鱼狠狠地撞了她一下，然后张开大口向她咬过来。奇怪的是它并没有咬着罗莎琳的身体，而是咬住了她的救生衣，用那尖刀般的牙齿将救生衣撕碎。

　　这条鲨鱼围着罗莎琳团团转，还用尾巴梢去扫她的背。突然又有一条鲨鱼从她的身底下钻了出来，随即在她的周围上蹿下跳，最后竟潜下水去在她的身下浮了上来，这时罗莎琳才发现她竟莫名其妙地骑在这条鲨鱼背上，就像骑在马上似的！

　　第一条鲨鱼还是在她身边兜圈子，接着她骑的那条鲨鱼又悄悄地溜走了。

　　随后这两条鲨鱼又从她的左右两边冒了上来，把她夹在中间，推着她向前游去。

　　天亮的时候，这两条鲨鱼仍然同她在一起。这时候罗莎琳似乎意识到它们为什么要这样做了。

　　原来在这两条鲨鱼的外围还有四五条张着血盆大口的鲨鱼

在转悠，它们的眼睛始终在盯着她，口中露出一排排尖刀般的牙齿。每当那几条鲨鱼冲过来要咬她时，这两条鲨鱼就冲出去抵御它们，把它们赶走。要是没有这两个"保镖"，罗莎琳早就被撕得粉碎了。

当暮色再一次笼罩海面时，这两条鲨鱼还一直在陪伴着她。突然她听到头顶上有"嗡嗡"声，抬头一看，是一架救援直升机。直升机上放下了救援绳梯。她抓住了绳梯，用尽全身之力爬了上去。爬上直升机后，罗莎琳从半空中低头往下看，那两条救命鲨鱼已消失得无影无踪。

罗莎琳被送往医院治疗。她后来得知，这个海区经常有鲨

鱼出没，其他跳入海中的人都已失踪，显然都已葬身鱼腹了！

鲨鱼，自古以来就被认为是人类在水中的最凶恶的敌害。可是，竟然会有两条鲨鱼拯救了一位落水的姑娘，并保护着她免受同类的伤害。

这真是一件不可思议的事！为什么这两条鲨鱼会救人呢？难道它们对人类有着某种特殊的感情？

或许是它们把罗莎琳当做了自己的同类？这一离奇事件给海洋生物学界留下了一个难解的谜。

不得癌症之谜

迄今，癌症仍然是威胁人类生命的主要疾病之一，而且目前科学家们仍未找到治疗癌症的特效药物。因此，寻找抗癌治癌良药，已成了科学上的一座难攻的堡垒。

生物学家发现，鲨鱼的身体异常健康，它们即使受了极大的创伤，也能迅速痊愈而且丝毫不会发生炎症，更不会感染疾病。

美国著名的生物化学博士鲁尔在世界闻名的玛特海洋实验室工作，他对鲨鱼的生理和病理做了长期的研究。

在25年间，他先后对5000条鲨鱼进行过病理解剖研究，只发现一条鲨鱼生有肿瘤，而且还是良性肿瘤。

全美低等动物肿瘤登记处在16年的记录中，鲨鱼患癌症是最少的。鲁尔还发现在科学家所调查的25000多条鲨鱼中，只有5条长有肿瘤。鲁尔的这个发现，引起了科学家对鲨鱼的极大兴趣，各国科学家都开始了对鲨鱼的研究。

美国佛罗里达州的科学家曾用一种极猛烈的致癌剂——黄

曲霉素去饲喂鲨鱼。在将近8年的饲喂实验中，未发现一条鲨鱼长出一个肿瘤。可见鲨鱼的抗癌能力是极强的。那么，它的抗癌绝招是什么呢？有的科学家认为，鲨鱼的抗癌绝招是它的肌肉里能产生一种化学物质，这种化学物质能抑制癌细胞生长，因此不易患癌。

鲁尔博士则认为，鲨鱼的肝脏能产生大量的维生素A。实验证明维生素A有使刚开始癌变的上皮细胞分化，恢复为正常细胞的作用，所以鲁尔认为保护鲨鱼免于患癌的秘密武器是维生素A。分子生物学家扎斯洛夫认为，鲨鱼的抗癌武器在胃部。因为他在实验研究中发现，鲨鱼的胃部能分泌一种叫角鲨素的抗生素，它的杀菌效力比青霉素还强，并且它还能同时杀死原生物和真菌，还能抗艾滋病和癌症。

　　另外一些科学家从鲨鱼的心脏中采血，然后提取一定浓度的血清，再把它注入人体红细胞性白血病细胞中。经过一段时间，他们发现一些癌细胞的正常代谢作用被破坏，大部分癌细胞已死亡。这说明鲨鱼的血清，具有杀伤人类红细胞性白血病肿瘤细胞的作用，可见鲨鱼的血液中有抗癌物质。

　　1982年，美国麻省理工学院的科学家朗格尔，在研究中发现鲨鱼的骨骼全部由软骨组成。这些软骨组织中，有一种能阻断癌肿瘤周围的血管网络的化合物，它能断绝癌细胞的供养而使癌肿瘤萎缩，同时能杀死癌细胞。

　　他通过实验证实了鲨鱼软骨中的物质，能完全阻止癌细胞的生长，而无任何副作用，其抗癌作用比牛犊软骨中的物质强10万倍。鲨鱼抵抗癌症的秘密武器到底是什么，现在仍是个谜。相信，这个谜被揭开之时，便是人类送走癌症瘟神之日。

拓展阅读

　　鲨鱼在地球上生活了约1.8亿年，早在3亿多年前就已存在。没有鳔，这类动物的密度主要由肝脏储藏的油脂量来确定。鲨鱼密度比水稍大，如果它们不积极游动，就会沉到海底。它们游得很快，但只能在短时间内保持高速。

海豚救人的奥秘

海豚救人的故事

海豚在人们心目中一直是一种神秘的动物。人们对海豚最感兴趣的是它那见义勇为、奋不顾身救人的行为。在世界上，流传着许许多多海豚救人的故事。

早在公元前5世纪，古希腊历史学家希罗多德就曾记载过一件海豚救人的奇事。有一次，音乐家阿里昂带着大量钱财乘船返回希腊的科林斯，在航海途中水手们意欲谋财害命。

　　阿里昂见势不妙，就祈求水手们允诺他演奏生平最后一曲，奏完就纵身投入了大海的怀抱。

　　正当他生命危急之际，一只海豚游了过来，驮着这位音乐家，一直把他送到伯罗奔尼撒半岛。这个故事虽然流传已久，但是许多人仍感到难以置信。

　　1949年，美国佛罗里达州一位律师的妻子在《自然史》杂志上披露了自己在海上被救的奇特经历。

　　她在一个海滨浴场游泳时，突然陷入了一个水下暗流中，一排排汹涌的海浪向她袭来。就在她即将被淹没的一刹那，一只海豚飞快地游来，用它那尖尖的喙部猛地推了她一下，接着又是几下，直至她被推到浅水中为止。这位女子清醒过来后举目四望，想看看是谁救了自己。然而海滩上空无一人，只有一只海豚在离岸不远的水中嬉戏。

　　1959年夏天，"里奥·阿泰罗号"客轮在加勒比海因爆炸失事，许多乘客都在汹涌的海水中挣扎。

　　不料祸不单行，大群鲨鱼云集周围，眼看众人就要葬身鱼腹了。在这千钧一发之际，成群的海豚犹如天兵神将般突然出现，向贪婪的鲨鱼猛扑过去，赶走了那些海中恶魔，使遇难的乘客转危为安。

　　1964年，日本的一艘渔船触礁沉没，幸存的4名船员拼命往岸边游去。可是海岸太遥远了，他们已经精疲力竭，仍不见海岸的影子，死神的手已向他们伸来。

　　正在这生死攸关之际，两只海豚如同从天而降，来到他们身边，每只海豚驮着两个人，向岸边游去。

　　1981年，一艘航行在爪哇海域的轮船突然起火，船上有一对夫妇，他们不忍心看着自己的3个孩子被大火活活烧死，在万般无奈的情况下，把他们都抛入大海。

这时，有一群海豚游过来，海豚把3个孩子驮在背上，送到了岸边。

海豚救人原因

海豚救人，早已经不是什么新鲜事儿了，它们也因此得到了一个"海上救生员"的美名。

许多国家都颁布了保护海豚的法规，这些法规受到了人们的普遍欢迎。但是，人们更感兴趣的是它们为什么会救人。

目前科学家们对海豚救人的原因主要有三种解释。

一是"照料天性"说。海豚救人来源于它对子女的"照料天性"，是一种本能。海豚喜欢推动海面上的漂浮物体，它们常常把自己刚出生不久的幼仔托出水面，或者抬起生病或负伤的同伴。海豚这种"照料天性"不仅表现在对同类中，而且对其他动物也是如此，甚至对各种无生命的物体，如大海中漂浮的乌龟尸体、木头等也是一样。因而一旦遇上了溺水者，就可能本能地将其当做一个漂浮的物体推到岸边去，从而使人得救。

二是"见义勇为"说。海豚是一种高智商动物，其救人"壮举"是一种自觉行为。因为在大多数情况下，海豚都是将人推向岸边，而没有推向大海。

研究海洋哺乳动物14年的美国海洋生物学家英格里德·维塞尔表示，当海豚可能感觉到人类处于危险之中时，就会马上行动起来保护他们。

三是"玩性大发"说。海豚天生好动，善于模仿，最喜爱的就是在水中嬉戏。因此，所有被碰上的东西都成了它们的玩具。那么，海豚为什么会把人推向岸边，而不是将人当做玩具那样一直在水中戏弄呢？

这与海豚的习性有关，海豚喜欢在深水和浅水中来回巡游。如果人在深水区落水，正好碰上一群向浅水区游玩的海豚时，它们就会顺水推舟地把人半推半玩地带到浅水区，或把落

水者推到岸边。

那么，海豚为什么会护住落水者或游泳者不受鲨鱼的伤害呢？

这是由于鲨鱼的"雷达"嗅觉特别灵敏，如果落水者正好落在鲨鱼出没的水域，人体散发的气味很快就会吸引鲨鱼前来。

假如此时一群海豚正好在嬉戏落水者，那么海豚就会认为鲨鱼是来抢夺它们的"玩具"而与之格斗。海豚与鲨鱼是天生的死敌，虽然鲨鱼是海洋中的霸王，但它们一般是单独行动，而海豚则是成群结队的，结果自然是鲨鱼被赶跑了。

拓展阅读

海豚十分惹人喜爱，人们也常用它来象征永恒的友谊。在一些海滨浴场，它们还能与游人一起玩耍，在人腿之间穿梭游动，让人们轮流用手抚摸自的身体，不仅如此，它们有时还会拯救溺水的人。

懒猴到底有多懒

懒猴的表现

在亚洲热带和亚热带地区密林中生活着一种猴子，由于这种猴懒得出奇，人们送给它们一个形象的外号——懒猴。

这种猴子懒到什么程度呢？据看到的人说，它们一天到晚

都不活动，甚至在受到敌人伤害时，也不会显出害怕的样子。

　　有人曾看到过一只懒猴被豹子咬了一口，它却不慌不忙、慢慢地转过头来，发出像蜜蜂一样的"嗡嗡"叫声，以表示抗议，可身体还是一动不动地待在那里。

　　由于不爱活动，它们身上长满了地衣和藻类植物。不过，这也有好处，这一身地衣和藻类，反倒成了懒猴的保护色。它们可以在大白天安心地蜷曲在树杈上睡大觉，就连眼神最好的鹰也不易发现它们。

懒猴的绝活

　　别看懒猴那么懒，它们却有一种绝活，人们至今也没能弄明白其中的奥妙——那就是它们的抓握能力。一般情况下动物死了，就会四肢放松。而懒猴却不是这样，它们会紧紧地抓住树枝不放。

有个猎人打死了一只懒猴，但它两只脚的脚趾紧紧抓住树枝没有掉下。看似简单的问题，要用科学的道理来解释，却不是一件很容易的事情。

科学实验

美国科学家运用基因工程技术，成功地将一群懒猴变成工作狂。研究人员说，懒惰基因位于构成大脑神经回路的细胞中，将它阻断就会改变基因的属性。在试验中，分子基因学家基恩斯将一种特制的药剂直接注射入4只受到训练的猴子的鼻额皮层中，这些猴子立即就变成

地地道道的工作狂，而且能保持低出错率，这同它们的本性明显不同，但这些动物像人一样，当知道还要做许多事才能得到奖励时就会倾向变懒。

拓 展 阅 读

懒猴与小懒猴是目前所知的我国灵长类中仅有的夜行性动物。它们畏光怕热，白天在树洞、树干上抱头大睡，鸟啼兽吼也无法惊醒它们。它们的动作非常缓慢，走一步似乎要停两步。

智斗猎狗的火狐

火狐发现猎狗

天亮时分，一只火狐刚外出归来，跃上一处悬崖，就发现山坡上出现了一只健壮的猎狗和一个猎人。猎狗东闻西嗅，好像要往悬崖边走过来。

火狐知道，这悬崖下一处山洞里，有两只小火狐正在嬉戏玩

耍，等待着自己归巢。一旦让猎狗发现了山洞，后果不堪设想。

火狐引开猎狗

火狐立刻轻轻叫了几声，算是对山洞里的雏狐发出警报。自己则调头纵身跳下悬崖，在猎狗前方一晃，奔向一处山林。

正在搜索猎物的猎狗和主人，见前方有火红的东西一闪而过，明白是遇上了火狐，便马上紧紧追了过去。

倒霉的是那片树林子不大，并且树木稀疏。猎狗追，猎人围，火狐难以脱身，便窜出树林，向山下奔去。它知道，山脚下有一条河。

火狐奔到河边，"扑通"跳进河里游向对岸。虽然这河里的水流并不太急，但河面却很宽阔。猎狗追到河边，也毫不犹豫地跳下河去。猎人追至河边，面对宽阔的河面，一时竟没了主意，只好望河兴叹。这样，火狐先摆脱了猎人的追捕，排除了一份危险。

猎狗的游泳技术高，与火狐几乎同时到达岸上。河岸上灌木丛生，野草茂密，是很便于藏身的。

可是猎狗的嗅觉相当灵敏，火狐东躲西藏，总是被猎狗发现，几次差点被猎狗逮住。

火狐自救失败

正在这时，迎着东升的太阳，火狐发现一群山羊正向河岸这边走过来，牧羊人在后面大声吆喝。火狐灵机一动，急忙奔跳过去，一下钻入羊群，还使劲在羊身上蹭。

火狐想让自己身上的气味留在羊群里，让猎狗进入羊群后

迷失追踪方向，自己再伺机逃走。

可是哪料到羊群一阵大乱，竟四散逃窜。那牧羊人先是一愣，继而发现了火狐，便甩响了鞭子，大叫："抓狐狸！抓狐狸！"

火狐急了，心慌意乱地奔出羊群，仓皇逃命。而那猎狗原本就没上当，它守在羊群外面，见火狐钻出羊群逃命，便绕过羊群，直向火狐扑去。

火狐经过这一番折腾，体力大减，现在又被逐出羊群，疲于奔命，速度越来越慢。它知道，今天是凶多吉少了，眼里掠过一丝悲伤。

火狐脱离险境

眼看快要被猎狗追上了，火狐忽然听到一阵"隆隆"声。火狐精神一振，喜出望外。果然，400米开外的山洞里钻出一列火车，沿铁轨向自己的前方疾驰而来。火狐像是捞到了救命稻草，一阵狂奔，拼命冲向铁轨。

"呜——"在火车迎面而来的一瞬间，火狐终于拼死越过铁轨，落荒而去。

而那猎狗奔到铁道边时，长长的列车正好"轰隆"而过，挡住了它的去路，它急得前足趴地，"呜呜"直叫。几十秒钟

后，列车驶过，猎狗引颈张望，早已不见了火狐踪影。

它低头在铁轨上嗅寻火狐留下的气味，可惜那气味因车轮与铁轨摩擦发热而消失了，这时的猎狗沮丧万分，只得回头去寻找主人。

拓展阅读

火狐又叫红狐、赤狐等，细长的身体，尖尖的嘴巴，大大的耳朵，短小的四肢，身后还拖着一条长长的大尾巴。它们的脚虽然较短，爪子却很锐利，跑得也很快，追击猎物时速度可达每小时50多千米，而且善于游泳和爬树。

智捕斑马的山猫

山猫迷惑斑马

南非草原，一眼望不到边际，一丛矮树林边上，一群斑马正在吃早餐，几匹雄斑马在马群四周放哨，其余的斑马则悠闲安然地啃着鲜嫩的草叶。

即使在最平静的环境里，它们都不敢有丝毫的松懈。果然，过了不久，就闻到一股异兽的气味，那气味虽不浓，却可以断定就来自附近。斑马使劲煽动鼻翼，警惕地向四周张望。

这时突然看到前方草丛一阵晃动，随即钻出一头小山猫。那山猫短短的尾巴，全身灰溜溜，几乎跟草地的颜色一样。

山猫发起攻击

斑马觉得这小东西傻乎乎的，威胁不了自己。可就在这一

　　刹那间，已经挨近放哨斑马的山猫，突然猛一腾身，变得十分矫健灵活，在空中扭了扭腰，一下子落在斑马脖颈上，4条腿往斑马脖子上一搭，锐利的爪子立刻从肉垫里伸出来，深深刺进了斑马脖颈的皮肤中，身子也紧紧贴住斑马的脖子。

　　斑马颈背上一阵刺痛，顿时感到了危险。它大声嘶叫起来，撒腿狂奔。马群又骚动起来，潮水一般卷过了草原。

　　那头斑马还是落在马群最后，它一会儿快，一会儿慢；一会儿左拐，一会儿右拐；有时还突然停下，忽上忽下，忽前忽后在原地跳跃，一心想把背上的山猫甩下地去。山猫却像钉子一般，牢牢钉在斑马脖子上，再也不肯松开爪子。

斑马结束生命

斑马群越奔越远。那匹放哨的斑马却因体力消耗过度，脚步渐渐慢下来。山猫喘过一口气，慢慢腾出身子，张大了嘴，在马颈椎上狠狠地咬起来，尖利的牙齿一块块撕下马颈肉，一会儿便咬开一个大口子。斑马的颈椎骨露了出来，随着"咔嚓咔嚓"一阵声响，斑马的颈椎骨被咬断。

斑马发出一阵凄厉的长嘶，再也支撑不住了，猛然倒在草地上，双眼依旧瞪着远方。马群扬起的团团尘土越来越远，它再也无法追上前去。

狡猾的山猫骗过了警惕的斑马，咬死了比自己大许多倍的猎物，可以安安稳稳享用自己的美餐了。这么大一匹斑马，吃上十天半个月是不成问题的。

拓展阅读

山猫即是猞猁的别名，体形似猫而远大于猫，生活在森林灌丛地带，密林及山岩上较常见。长于攀爬及游泳，耐饥性强，可在一处静卧几日，不畏严寒，喜欢捕杀狍子等大中型兽类。产于我国东北、西北、华北及西南，属于国家二级保护动物。

杀大象的青蛙

大象离奇死亡

　　1968年12月3日上午，肯尼亚与坦桑尼亚接壤的塞利吉泰平原，生活着许多野生动物，已被肯尼亚与坦桑尼亚两国政府共同确定为野生动物保护区，也就是国家公园。

　　这一天，公园中的警察汉尼顿和动物保护局官员海尼，在进行例行巡逻时，发现有5头大象倒在沼泽地的边上，不停地

呻吟着。起初两人都认为是有人盗猎，可走近前一看，大象身上并没有中弹的痕迹。海尼赶紧拿出急救箱，给每头大象都打了一针强心剂和止痛针，可大象还是呻吟不止。两人面对大象，面面相觑，束手无策。不一会儿，5头大象一个个地接连断了气。

大象死亡原因

他们在死象身上检查来检查去，终于发现了秘密，在每头大象的脖子上，都有五六只0.2米长的大青蛙，它们把嘴巴深深地刺进大象的脖子里，还不断吐着黄褐色的泡。

原来，大象是被青蛙给杀死的！汉尼顿赶紧用无线电向总部报告这件奇怪的事情，并请求派医生支援。

5分钟以后，一架直升机载来了公园里医术最好的医生克里斯。克里斯查看了现场，深感惊诧，觉得不可思议。

他让汉尼顿和海尼抓几只青蛙带回去研究。可当他们两个捉住青蛙时，都不约而同地惊叫起来，像触电一般又立即把抓在手中的青蛙扔掉。

"青蛙有毒刺。"他们两个异口同声地说。

解剖有毒青蛙

最后，他们还是捉到几只大青蛙带回了实验室。克里斯经解剖发现，这种青蛙头部长着又粗又尖的角，不断流出一种难闻的黄褐色汁液。

经分析，这种褐色的汁液比非洲眼镜蛇的毒液还要毒上4倍。难怪那些大象会死于非命。他们把青蛙制成标本，陈列在肯尼亚国家森林公园的展示室里。

从那以后，这种有毒的青蛙再也没有出现，像是从地球上

消失了一样。

让人不解的是，这些青蛙身上为什么会带有毒素？它们是从什么地方来的？为什么又突然消失？这神秘的青蛙留给人类又一个未解之谜。

拓 展 阅 读

箭毒蛙是全球最美丽的青蛙，同时也是毒性最强的物种之一。其中毒性最强的物种体内的毒素完全可以杀死两万多只老鼠，它们的体形很小，最小的仅1.5厘米，个别种类也可达到6厘米，只有在南美的热带雨林才有它们的身影。

分娩的雄海马

海马的外形

我国近海生活着一种有趣的鱼，外形简直不像鱼，头部有点像马，因此被称为海马，又因为有点像传说中的龙，因此也叫龙落子。海马体长一般在0.1米左右，全身无鳞，体表被骨板包围着，形成一个坚硬的甲胄，使躯体没法弯曲。躯干呈六棱形，尾部呈四棱形，尾巴细长，末端却能自由活动。

海马的头同躯干相连，中间有一个较细的颈，头前端伸出

一个长吻头管，头顶还有突起的头冠。鳃孔呈裂缝状，没有腹鳍和尾鳍。海马大多生活在温带及热带海洋中，我国海域有冠海马、日本海马、琉球海马、刺海马、大海马、斑海马、管海马和澳洲海马等，其中以日本海马分布最广。我国沿海都产。冠海马产在渤海和黄海北部，其他各种海马分布在东海和黄海。

海马的本领

海马全身长着那突起的和丝状的物质，在海水中轻轻地漂荡着。乍一看，活像一丛水生的藻类。海马游泳时，头朝上直立在海水中，背鳍像一面锦羽，不断做波浪式摇动，直立游泳时既可维持平衡，又可慢慢前游。海马的长尾巴，是由许多环节组成的，从臀部到尾尖，由粗变细，能伸屈自如，可以弹跳，还有钩、缠的本领。当海浪汹涌的时候，它们就用尾巴钩住水草，防止漂流到远方去。

雄海马受孕分娩

海马繁殖后代的方法十分有趣。雄海马在第一次性成熟前，尾部腹面两侧长起两条纵形褶皱，随着褶皱的生长逐渐愈合成一个透明的囊状物——孵卵囊，这是一种奇怪的育儿袋。

每年春夏相交的时候，雌、雄海马在水中相互追逐，寻找情侣，到达高潮之际，雌、雄海马的尾部相缠在一起，腹部相对。雌海马细心地把卵子排到了雄海马的育儿袋里，雄海马就担当起妈妈的角色，负起抚育孩子的责任。卵子受了精，袋子就自动闭合起来。袋的内皮层有很多枝状的血管，同胚胎血管网相连，供胚胎发育时需要的氧气，保证卵在里面很好地孵化发育。

胎儿在里面经过20天左右的孕期，发育成熟，雄海马就要分娩。这时候，雄海马已经疲惫不堪，那能蜷曲的尾巴，无力地缠绕在海藻上，依靠肌肉的收缩，不停地前俯后仰做伸屈般

的摇摆动作，每向后仰一次，育儿囊的门就大开一次，将小海马一尾接一尾地弹出体外。海马的繁殖力很强，一年产卵10次至20次，每次孵出30尾至500尾小海马。小海马成长得很快，刚出生时只1厘米长，一个月后就长大到6厘米，3个月可达十几厘米，5个月后就可以成为合格的商品药材了。

拓展阅读

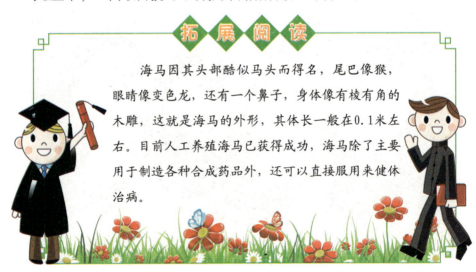

海马因其头部酷似马头而得名，尾巴像猴，眼睛像变色龙，还有一个鼻子，身体像有棱有角的木雕，这就是海马的外形，其体长一般在0.1米左右。目前人工养殖海马已获得成功，海马除了主要用于制造各种合成药品外，还可以直接服用来健体治病。

智捕老鹰的山龟

老鹰发现山龟

海南岛五指山的密林深处，一只老鹰正在山谷盘旋，只兜了半个圈子，就发现了搜寻目标。小溪边的两块大石头的缝隙中，一头小小的乌龟一动不动卡在里面，它的四肢和头尾都不见了，不知是缩进了龟甲，还是已经被其他食肉兽咬掉。老鹰

从天而降，急不可耐地朝乌龟身体下了嘴。

乌龟的壳好硬，带钩的尖鹰嘴啄上去"啪啪"直响，什么也咬不到。石头缝隙太小，鹰爪伸不进去，它只得耐心地一点一点寻找能下嘴的地方，哪怕能咬下一小块龟肉，也可以填填饥饿的肚子。

老鹰反受袭击

在龟甲的前端，乌龟颈子伸缩处，软软的有一块咬得动的地方。老鹰把尖尖的嘴伸进隙缝中，想咬住乌龟的脖颈往外拽。没料到突然从那块软软的地方伸出乌龟的脑袋，一张嘴就咬住了老鹰的尖嘴。它一口咬住鹰嘴便再也不肯松开，憋得老鹰将头左右甩动，一下子把乌龟拉出了石缝，拍拍双翅，腾空飞去。在空中，老鹰更奈何不了小小的乌龟，乌龟的嘴巴死命咬住鹰嘴，尾巴也从龟甲中伸出来，借着飞行中的晃悠劲儿，一下又一下刺向老鹰的胸膜。

老鹰经受不住了，疯狂地伸出爪子朝乌龟乱抓一通。这一下，老鹰失去了平衡，终于从高空旋转而下，"砰"的一声撞在大石头上，再也动弹不了了。那只小小的灰白色乌龟，依旧咬着老鹰的尖嘴不放。过了好大一会儿，乌龟的头才慢慢从龟甲中伸出来。它终于看清，不可一世的老鹰已经摔死。

山龟肢解老鹰
灰白的山龟放下心来，舒展开四肢，尾巴也露了出来，这

可是它最锐利的武器。它背过身子，伸出尾巴，在鹰的颈项间来来回回抽动，好像锯子一般把鹰脑袋锯下来。

乌龟毫不客气地吸吮着老鹰的血，待肚子略有饱感后，又开始肢解老鹰的身子。后腿锯断后，又把翅膀锯了下来，最后，山龟把鹰肉拖进大石的缝隙藏好。这么大一只老鹰，足够山龟吃好一阵子了。

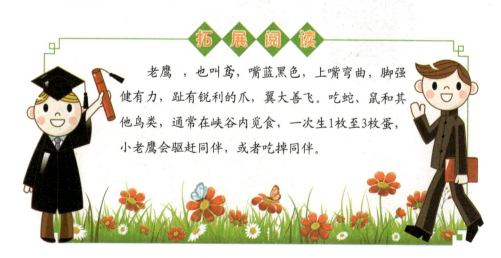

拓 展 阅 读

老鹰，也叫鸢，嘴蓝黑色，上嘴弯曲，脚强健有力，趾有锐利的爪，翼大善飞。吃蛇、鼠和其他鸟类，通常在峡谷内觅食，一次生1枚至3枚蛋，小老鹰会驱赶同伴，或者吃掉同伴。

生死相许的大雁

秀才好奇捕雁

金朝的时候，山西省汾水的东岸，匆匆地行走着一位年轻的秀才，他叫元好问，是从家乡秀容去太原的。

到了阳曲县城外，元好问遇上一位猎人张罗着捕猎芦苇丛中的大雁。此刻他也走累了，便停下来站在树荫下，观看猎人如何捕获飞鸟。

　　猎人远远地在芦苇南边的两棵大树上张起一张大网，又带着猎犬绕到芦苇丛的北边。那猎人挥动着一根长长的竹竿，大声鼓噪着，击打着水面。猎犬听到攻击的信号，一头蹿进密密的芦苇中，"汪汪"叫着，帮主人驱赶歇息在水面上的大雁。

成功捕获雌雁

　　这一群大雁从遥远的北方飞来，经过了几千千米的长途跋涉，正在芦苇丛中捕鱼捉虾，以补充体力。

　　遭到这突然的袭击，便"呷呷"惊叫着，从水面飞掠而起，芦苇南端的大雁中，有两只却一头撞进了大网，脑袋卡在网眼里，越是挣扎，就越是被紧紧地纠缠着，再也无法挣脱。

猎人看到有了收获，哈哈大笑着走上前去拿到手的猎物。他放松网绳，伸手去抓一只雄雁。

就在他把雄雁从网中拖出的时候，雁儿拼命一挣，双翅狠狠拍打着猎人的手背。

猎人一慌，一把没抓牢，竟眼睁睁地望着它脱手而去，掌中只剩下了几片雁毛。

望着"扑扑"飞到空中的雄雁，猎人又悔又恨，没等把另一只雁从网里拖出，便使劲地扭断了它的脖子，连网带雁一起掷到了地上。

雄雁以死相随

元好问看到一场捕猎已经结束，正想继续前

进，突然听到头顶上传来一阵凄惨的雁叫声。

　　他抬头一看，刚才从芦苇里飞上天的一群大雁已经排成人字队形，继续朝南飞去。只有逃脱了的那只雄雁，还在猎人头顶上盘旋。

　　这只雄雁飞了一圈又一圈，不断长声哀鸣，似乎想召唤地上那只颈断骨折的雌雁，重新跟它翱翔长空，比翼齐飞。

　　突然，天空中又传来一声惨叫，"呼呼"一阵响声过后，那只孤雁突然收拢双翅，头朝下箭一般地倒栽下来，"啪"的一声，如同一块石头落地，撞在大网附近一块巨石上，脑碎翅折，摔成一摊血肉。

　　元好问"啊"地惊叫了一声，三步并作两步跑上前去，呆呆地站在两只大雁身边，一时间说不出话来。

那位捕雁的猎人也愣住了，目瞪口呆地站着，不断喃喃自语："咦！何苦来！何苦！"

秀才感慨万千

听着捕雁人内心的自语，元好问不禁心潮翻腾。这只不惜以身殉情的雁儿，曾与它的情侣不知遭受过多少风雨的磨难，享受过多少双飞双宿的欢乐啊！

它们正像人间痴情男女，宁愿粉身碎骨，也不肯在别离的苦痛中受煎熬，不肯形单影只，寂寞终身。它们的感情何等深

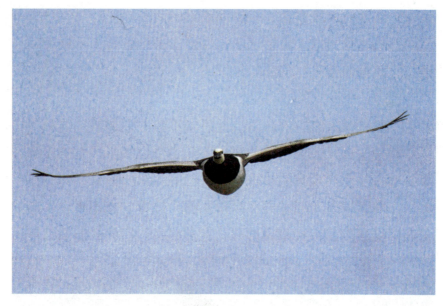

厚，它们的精神又何等高尚啊！

　　这位年轻秀才，不禁热泪盈眶，觉得眼前的一切都渐渐模糊起来。

拓展阅读

　　大雁又称野鹅，天鹅类，大型候鸟。大雁群居水边，往往千百成群，夜宿时，有雁在周围专司警戒，如果遇到袭击，就鸣叫报警。每年春分后飞回北方繁殖，寒露后飞往南方越冬。因为飞行行列整齐，人们称之为"雁阵"。

复仇的猫头鹰

猫头鹰伤人严重

　　有一年5月的一个傍晚，湖北省丹江口市一家姓张的农户，突然遭到了猫头鹰的攻击。说来奇怪，这家人一出门，就有一只壮实硕大的猫头鹰像战斗机那样俯冲下来叼啄他们。女主人进进出出频繁，所以受攻击最多。有一次，她的额头竟被

啄得皮开肉绽，吓得她自此不敢离家一步。

第二天清晨，男主人出门干活，刚刚迈步，猫头鹰便"嗖"地迎面扑来。只听他"哎哟"一声惨叫，右眼流血不止，急去医院检查，眼角膜不幸穿孔，当即失明。

村民们疑惑不解

这件事引起了村里人的议论。有的说，猫头鹰通常昼伏夜出，善于捕鼠，但它怕人，从没听说它伤害人。有的说，这猫头鹰为什么专门攻击张家的人，而不碰别人一根毫毛呢？这可是个谜！这件事传到了市科学技术协会，他们马上派人来调查，终于弄明白了是怎么回事。

猫头鹰的家被抄

原来，年初有一对猫头鹰选了张家的墙洞做巢。它们在此安居乐业，生儿育女。不久就添了5只可爱的小猫头鹰，成天"叽叽叽叽"地欢叫。可是，一天上午，它们被村里的一群淘气小孩注意上了。孩子们不知道猫头鹰是益鸟，应该好好保护，竟去抄家捉它们的幼崽。他们爬上梯子用棍子在墙洞里乱捣一通，想把大猫头鹰赶走后，再动手抓它们的孩子。

猫头鹰白天怕光，那时正在歇息，突然遭到袭击。雌猫头鹰和它的两个儿女慌忙逃命，从高高的墙洞跌下，当场摔死。雄猫头鹰和另外3只小猫头鹰被生擒活捉。孩子们各人分得一个俘虏带了回去。张家儿子小涛带回一个最小的，养在家里玩耍。

猫头鹰伤人原因

因雄猫头鹰毕竟老练，它惊魂稍定，趁逗弄它的孩子不注意，展翅飞逃而去。它飞回巢穴，见妻离子散，好不凄惨！悲痛之余，它一反常态。除了晚上捕鼠，白

天也常飞出巢来，寻访小猫头鹰，也寻访它的仇人。它的巢穴离小涛家最近，很快它就听到小猫头鹰的"叽叽"叫声。它几次想救出孩子，可总未如愿。这么一来，它就更加恼怒了。于是，它采取了极端的报复手段，只要见到张家的人走出门，就不顾一切地向他们展开进攻……

　　孩子们的顽皮，直接造成了一个壮年男子汉的右眼失明，这可是惨痛的教训呀！

拓展阅读

　　猫头鹰视觉敏锐，在漆黑的夜晚，视力比人高出100倍。它们还有一个转动灵活的脖子，由于特殊的颈椎结构，头的活动范围为270度，所以头部可以转向后方。

杀人的红蝙蝠

神秘古堡

印度西部的塔尔沙漠里，坐落着一座古老的城堡。门前隐约可见一则褪色的告示："过往人畜切莫在此留宿！"

多少年来，别说行人不敢走近，就是那些商旅驼队也远远地绕开古堡，提心吊胆地赶路。因为，凡是夜间在此地住宿或路过的人畜，都会莫名其妙地丧命在古堡之中。为此，印度警方向全世界发出悬赏布告："凡能破古堡疑案者，奖励10000卢比！"

准备探秘

直至布告发出一年后的一天，才有一位老人叩响警察局的大门。老人自称来自英国，叫毕德莱克。

警察局长声明，万一出了事，警方不负任何责任。最后他向毕德莱克表示，如果需要什么人力和物质的帮助，警方一定满足他。然而，老人很自信，他摇摇头表示什么也不需要。毕德莱克离开警察局，立即来到一家杂货铺，买了一只大铁箱子和一张渔网，又去一个耍猴人那儿买了一只猴子。

一个月黑星稀的夜晚，塔尔沙漠一片沉寂，矗立在其上的古堡像恐怖的幽灵一般。

这时，毕德莱克驾驶着一辆马车由远而近地驶来。马车在古堡前停下，毕德莱克从车上敏捷地跳下。他迅速从车上搬下铁箱和渔网，牵着那只猴子，走进了黑洞洞的古堡。他从身上取出一只药瓶，在猴子的头上涂上了药水，然后将猴子赶进那张渔网里。接着，他打开铁箱，把自己藏在里面，盖上箱盖，手里牢牢抓住网绳，从箱缝里窥视外面的情况。

黑影现身

不一会儿，从古堡的黑暗处传来一声怪异的啼叫声，叫声过后，便有一阵"哗啦啦"的响动。突然，一团黑影从古堡顶部飞下来，向那只猴子猛扑过去。猴子已酣然入睡，忽然被什么东西在头部猛扎了一下。剧痛难忍，发出一阵惨叫。

躲在铁箱里的毕德莱克早已看准了时机，一听到惨叫声，他飞快地收紧手中的网绳，那团黑影被罩在了网中。它拼命扑腾了几下，不动了。过了一会儿，毕德莱克确认网中的那团黑影已经失去了知觉，便从铁箱里跨出来，小心翼翼地走近它……

揭开迷案

塔尔沙漠两百多年的迷案终于被揭开了……

原来是一只外形十分奇特的大蝙蝠。它的身体呈暗红色，长着一对大翅膀，最吓人的是它的喙，好似一根长长的钢针！

毕德莱克告诉大家，它就是古堡里夜间杀人的凶手！凶器是钢针一样的喙，刺入人或兽的头部，吸吮脑汁，放射毒液，立刻将人或兽置于死地，所以难以在死者身上找到外伤的痕迹。这种红蝙蝠在世界上极为罕见。

拓展阅读

红蝙蝠具有敏锐的听觉定向系统。大多数蝙蝠以昆虫为食，而红蝙蝠是主要以血为食的类群。分布在美洲中部和南部，体形小，最大的体重不超过40克。它们的拇指长而有力，后肢也很强大，能在地上迅速跑动，甚至能短距离跳跃。

撞翻大船的蝴蝶

一次紧张的航行

1914年，第一次世界大战的烽火刚刚燃起，整个欧洲大陆笼罩在一片战争的阴霾中。

这天，印度洋上空晴朗高爽，在波涛汹涌的波斯湾海面上，"德意志号"轮船正满载货物疾速行驶。船长隆·贝克双眉紧皱，不时用略带沙哑的嗓音向舵手发出指令。年轻的舵手神情严肃，全神贯注地操纵着方向盘。

　　尽管"德意志号"轮船不是头一回远航，船员们对这里的海况也了如指掌，然而战争的阴云却时时刻刻笼罩在每个船员的心头。

蝴蝶群扑面而来

　　船终于驶离波斯湾，隆·贝克这才松了一口气。他已经几天没好好合过眼了。就在这时，他忽然发现海空骤然阴暗下来。在大海上航行，风云变幻是常事，然而眼前并没有出现乌云，也没有雷电来临前的迹象。他推开舷窗，听到一阵奇特的"嗡嗡"声，在海天之间，一大片云状的东西，正以迅疾的速度铺天盖地压过来。隆·贝克慌忙举起望远镜，不禁万分惊讶地叫出声来："我的上帝啊，蝴蝶！"

　　甲板上的船员也几乎同时惊叫起来。不知从什么地方飞来了这数以千万计的蝴蝶组成的云阵。它们浩浩荡荡，遮天蔽日，扑向"德意志号"轮船，转眼间船就被包围了。

　　然后蝴蝶如同潮水般地迅速涌进船上的每个角落，顷刻之间就密密麻麻地布满了甲板和船舱，连烟囱和缆绳也被它们占据了，船员们被这突如其来的袭击惊呆了。还没等他们回过神来，个个脸上、身上都落满了蝴蝶。"德意志号"轮船上顿时乱作一团。船员们在甲板上四处乱奔，挥舞着双手，拼命驱赶。然而，这些平时招人喜爱的蝴蝶，此刻却成了无法驱赶的灾难。

蝴蝶占领"德意志号"

　　隆·贝克也有几十年航海经验了，却从未看到过这样可怕的景象。他的"德意志号"轮船已经完全被蝴蝶占领。蝴蝶群开始向驾驶舱进攻了。隆·贝克惊呼一声："不好！"一个箭步冲出驾驶台，挥舞双手大声命令船员赶紧打开灭火器。

顿时，白色的泡沫四处横飞，受到袭击的蝴蝶更是横冲直撞。一群蝴蝶在泡沫中如纸片一样落下，更多的蝴蝶又前赴后继地冲上来。几分钟后，灭火器失去了威力，而"德意志号"轮船却陷入了至少1000万只各种各样蝴蝶的重重包围。

船员们已经无法睁开眼睛，呼吸也十分困难，绝望地尖叫着。无计可施的隆·贝克想下达最后的命令，加快速度冲出重围。可是，已经来不及了。蝴蝶大军把他压迫得喘不过气来。与此同时，他感到巨轮在剧烈地摇晃，舵手再也看不清航向，隆·贝克意识到那可怕的一刻就要降临。

蝴蝶突然失踪

几秒钟后，一阵剧烈的撞击，在一片惊恐而绝望地喊叫声中，失去控制的"德意志号"轮船迎面撞上了礁石。就在"德意志号"轮船白色的桅杆最后在海面上颤动一下的那一刹那，蓝色的海面上腾起了成千上万只蝴蝶，浩浩荡荡，密密麻麻，一下子便不见踪影。

拓展阅读

世界上最大的蝴蝶产于太平洋西南部的所罗门群岛和巴布亚新几内亚，叫做亚历山大鸟翼凤蝶，最大的从左翼至右翼可达36厘米。它们是由罗斯柴尔德于1907年命名，目的是纪念英王爱德华七世的妻子亚历山大皇后。

吃人的巨蚁

准备探险之旅

贝里仁是一名比利时探险家，他要去南美洲的一处古代废墟进行考察。在此之前，要穿越一片古木参天的原始森林，他雇佣当地人查干做他的向导。

在他之前曾有不少探险者，来这里再也没有回去。可这并没有使他退却，他给了查干优厚的报酬，便出发了。

探险中遇险

3天后，贝里仁感到双腿有些沉重，正想招呼查干歇一歇，只听前方树林里"哗啦啦"一阵响，他立即警觉地闪在一棵树后，查干也站住了。树林发出一阵阵越来越大的响动。贝里仁一惊，右手本能

地握住口袋里的手枪，双眼注视前方。影影绰绰的丛林中，出现了一个黑乎乎的庞然大物！怪物一步步地向他们的藏身处逼近。那怪物很高，小小的脑袋，狭长的脊背一拱一拱的，脚像树干一样撑在地上。如果不是怪物脑袋上长着两根长长的触须，贝里仁简直不会想到这可能是巨蚁！他一下想起了读过的一本有关南美土著部落的史记，里面曾提到过巨蚁这种奇特的动物。

惊慌击败巨蚁

还没等贝里仁想出对付的办法，巨蚁忽然在查干藏身的树前停住了。查干吓得慌了手脚，浑身哆嗦。贝里仁来不及多想，瞄准巨蚁一扣扳机，"砰！"巨蚁似乎被击中了。然而它仅仅摇晃了一下，又向他们逼来。贝里仁又连发5枪，巨蚁终于倒下了。随着一阵巨响，树林里又出现了几只巨蚁。查干受到了两只巨蚁的袭击。眨眼工夫，巨蚁已经撕碎了查干的脚，贝里仁怕开枪会伤着查干，只好对天鸣枪。巨蚁这才拖着同伴的尸体逃走了。

平静后的恐惧

四周一下子平静了，贝里仁简直不敢相信刚才发生的一切，直至看着坐在地上呻吟的查干，才想到如果刚才稍一迟疑，查干可能就没命了，心里不免有些后怕。或许，之前

那些到南美探险失踪的人，可能和他们有过共同的遭遇。贝里仁懊悔不已的是当时没来得及抢拍照片，那对于证实这种可怕的动物是否存在，将是十分有用的。

拓展阅读

巨蚁是在德国梅塞尔页岩与附近艾克菲德马尔发现的。这些蚂蚁是庞然大物，是已知最巨大的蚂蚁。目前只有体形大的有翼雄蚁与蚁后化石保存下来，最大的蚁后翼幅达13厘米，比部分蜂鸟还大。

吃蟒蛇的蚂蚁

蟒蛇吞吃水鹿

这个故事发生在越南南方湄公河畔的热带丛林中。

这一天，一条长达8米的大蟒蛇潜伏在一棵大树上，等待着猎物的出现。大约一小时后，一只水鹿从树下路过。大蟒蛇从树上一跃而下，用身躯把水鹿紧紧地缠绕住。

水鹿左右挣扎，仍无济于事。它的骨骼在越缠越紧的蟒蛇

怀里"喀吧喀吧"地被勒断，并渐渐窒息而死。随后，大蟒蛇用力把水鹿挤压成长条状，一下子把水鹿吞进了肚子，地上只留下了一摊腥血。大蟒蛇吞下水鹿后，蛇身胀得更粗更大了。它感到吃力，就在溪边的草地上躺下休息。

蟒蛇遭遇蚂蚁

十几分钟后，沙滩上出现了一群大蚂蚁，极其迅速而又准确地爬向大蟒蛇。原来这是一群凶猛的尾巴带毒的食肉游蚁。它们有特别灵敏的嗅觉，在几百米之外，就嗅到了草地上的那股血腥味。不一会儿工夫，成千上万只游蚁，如同一股褐红色的水流，涌向大蟒蛇。大蟒蛇被剧烈的疼痛弄醒了，惊异地看到周围密密麻麻一大片，有数百万只游蚁在向它进攻。

大蟒蛇害怕起来，就扭动笨重的身子向四周猛撞，它要把蚁群驱散开。可是，食肉游蚁们不会轻易逃跑，它们紧紧围住了大蟒蛇，轮番向它进攻，咬它皮肉，向它体内注射有麻醉作用的蚁酸。大蟒蛇身上爬满了游蚁，痛苦万分，它拼命翻滚，想把身上的游蚁甩脱。但是，游蚁们宁可被压烂也绝不松嘴，它们前赴后继，越围越多。

大蟒蛇更慌了，它忍住痛，拖着笨重的身体，开始游动，想突出重围。然而，数百万只游蚁把它围得水泄不通，它像游进了蚂蚁的海洋一样，游到哪里都遭到蚁群的攻击，始终冲不出蚁群的包围圈。那些具有麻醉性的蚁酸，使蟒蛇逐渐感到头脑昏沉，软乏无力，最后趴在草地上，任凭游蚁们咬食摆布。

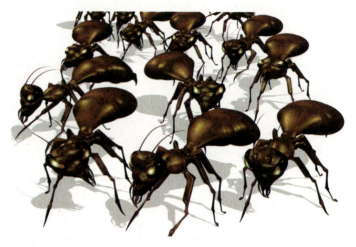

蚂蚁分解蟒蛇

游蚁们制服了大蟒蛇后，开始啃的啃，咬的咬，运的运，把大蟒蛇的肉一块块卸下来，运回窝里。很快，从大蟒蛇到游蚁窝之间，形成了两条小溪流，一些游蚁奔向大蟒蛇，一些游蚁爬回蚁窝去。数小时后，地上只剩下了一具大蟒蛇的尸骨，那两条小溪才渐渐消失。

拓 展 阅 读

游蚁被称为是生物世界里所向无敌的"霸王"——劫蚁。劫蚁又名"游行蚁"或"食肉游蚁"，它们没有定居地，走到哪儿吃到哪儿。劫蚁"大军"横冲直撞地行军时，一路上几乎所有避让不及的动物都要在它们的包围圈里丧失生命。

刺死大蛇的螳螂

猎人的疑惑

一天下午，有个猎人经过深山的溪谷，偶然听到崖上传来一阵"噼噼啪啪"的响声。他循着声音走过去，眼前的场面很奇怪：一条碗口般粗的大蛇正在地上上下翻腾，一会儿将头高高昂起，吐着信子，用力左右猛甩，一会儿蛇尾又一阵猛扫，

两边的灌木丛都被折断了。

猎人很纳闷，这条大蛇似乎正在与什么东西做着殊死的拼斗，但前面却不见有任何敌手。大蛇渐渐显出痛苦之状，粗长的身子在崖上不断地扭动、挣扎，好像是被什么东西钳制住了要害却又无法摆脱。

螳螂杀死大蛇

猎人越靠越近。忽然，他看到在大蛇的头顶靠近眼睛的地方，有一只硕大的螳螂正用两把"刀"紧紧地攫住蛇首。原来，这条凶残大蛇的死敌，竟是这只翠绿色的小虫。

大蛇的眼睛已被螳螂的利刀剜破，蛇身在崖上乱滚。但螳螂仍岿然不动地盘踞在它的头顶，一把利刀已插进了蛇的头顶中。大蛇已筋疲力尽，最后终于丧失了挣扎的气力，抽搐了一阵后死了。

只见那只螳螂轻轻地从蛇尸上跳下，带着胜利者的满足，扬长而去，把在一旁的猎人看得目瞪口呆。

疑惑被揭晓

螳螂与大蛇相比，一小一大，力量相差悬殊，简直不可同日而语，那么，小螳螂何以能置大蛇于死地呢？

首先它有敢和大蛇较量的胆量，少了这一点，其他就什么都谈不上了。

其次是它善于发挥自己的长处。它的两只前爪犹如两把大刀，是它克敌制胜的武器，它就是用这一武器对付大蛇的。

再次是善于抓住对手的要害。如果螳螂只凭自己的武器与敌害蛮拼，那仍旧无法战胜大蛇。它的聪明之处，就在于能抓住大蛇的要害，紧紧地伏在大蛇的头顶上，用刺刀刺住大蛇的

眉心，任凭大蛇如何摆动扑腾，它都死死地刺住不放。

总而言之，它是凭自己的胆略、聪明、智慧和坚忍不拔的毅力战胜了貌似强大的对手。螳螂的战绩，足可给世界上一切弱小者以巨大的鼓舞。

拓 展 阅 读

螳螂的英文名mantis源出希腊语，意为"占卜者"，因古希腊人相信螳螂具有超自然的力量。螳螂能静立不动或身体文雅地前后摆动，头上举，两前足外伸似在祈求，故引出许多神话和传说。螳螂生性残暴好斗，缺食时还常有大吞小和雌吃雄的现象。

动物为何雌雄互变

雌雄同体现象

男变女、女变男，平常对人类来说是不可能的，即使是在高科技的今天，在医学手术的帮助下，变性也是一件不容易的事。但在生物界中，却是一种司空见惯的现象。

大多数动物和人类一样，有着不同的性别，一出生性别就已经确定。然而，有些动物却不是这种情况，它们的性别可以改变，它们生命的前一部分是一种性别，之后，变成另一种性别，科学家称这种现象为序列性雌雄同体。

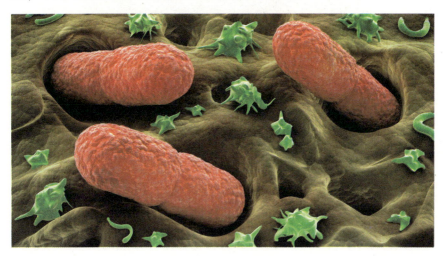

低等生物的性逆转

人类对这种性逆转现象的研究，首先是从低等生物——细菌开始的。在人的大肠里寄生着一种杆状细菌，被称为大肠杆菌。在电子显微镜下可以发现，大肠杆菌有雌雄之分，雌的呈圆形，雄的则两头尖尖。令人惊奇的是每当雌雄互相接触时，都会发生奇异的性逆转，即雄的变为雌的，雌的则变为雄的。

后来经科学家研究，发现雌雄互变的媒介在于一种叫性决定素的东西，当雌雄接触时，就将彼此的性决定素互赠给对方，从而改变了彼此的性别。

高等生物的性逆转

科学家们发现，在比细菌高等的生物体上，也存在性逆转现象。有人认为这些生物的原始生殖组织，同时具有向两种性别发展的因素，当受到一定条件刺激时，就能向相应的性别变化。

沙蚕是一种生长在沿海泥沙中的动物。当把两只雌沙蚕放在一起时，其中的一只就会变为雄性。但是，如果将它们分别放在两个玻璃瓶中，让它们彼此看不见摸不着，则它们都不变。还有一种一夫多妻的红鲷鱼，也具有变性特征。当一个群体中的首领——唯一的那条雄鱼死掉或被人捉走后，在剩下的雌鱼中，身体强壮者，体色会变得艳丽起来，鳍变得又长又大，卵巢萎缩，精囊膨大，最终成为一条雄鱼来占据原来雄性的职位。

　　但是如果把一群雌红鲷鱼与雄红鲷鱼，分别养在两个玻璃缸中，只要它们互相能看到，雌鱼群中就不能变出雄鱼来。但如果使它们互相看不见，雌鱼群中很快就变出一条雄鱼。再有，海边岩礁上常见的软体动物——牡蛎，也是一种雌雄性别不定的动物。有一种牡蛎，产卵后变为雄性，当雄性性状衰退后又变为雌性，一年之中可有两次性转变。

由雌性向雄性的转变

　　只要在雄性动物之间存在择偶竞争，通常都是只有个体最大和最强壮的雄性才占有最大的生殖优势，而小者或弱者为了

回避和强大对手的直接竞争往往采取偷袭交配的对策。但是，它们有一个更令人吃惊的对策就是改变性别，借助性别转化来改变自己的不利处境，以获得生殖上的较大成功。

雌性变雄性往往是当动物还没有充分长大时，它先作为一个雌性个体参与繁殖。当它一旦长大到足以赢得竞争优势的时候便转变为雄性，开始以雄性个体参与繁殖。

性别发生转变往往比终生保持一种性别能在生殖上获得更大的好处，因为对改变性别的个体来说，它无论是在小而弱时，还是在大而强时，都能得到生殖的机会，即比不改变性别的个体更为成功。

在大西洋西部的珊瑚礁上生活着一种蓝头锦鱼，雌鱼体色单调，只选择最大、最鲜艳的雄鱼与其交配。因此，珊瑚礁上最大的雄鱼在生殖季节高峰期，一天便可与雌鱼交配40多次。

由于个体最大的雄性蓝头锦鱼总是在生殖上占有最大优势，所以当蓝头锦鱼鱼体还小时，总是表现为雌性，并进入生殖期开始产卵。一旦鱼体长到足够大时，便由雌鱼转变为雄鱼，开始执行雄性功能。蓝头锦鱼的性别转变是受环境控制的，如果把珊瑚礁上最大的一条雄鱼移走，次大的一条雌鱼就会改变性别，转变为色彩鲜艳的雄鱼。

由雄性向雌性的转变

双锯鱼生活在印度洋的珊瑚礁上，与海葵密切地共生在一起。由于海葵的大小通常只能容纳两条双锯鱼生活在一起，这种空间上的限制便迫使双锯鱼只能实行一雄一雌的配偶制。此外，一对双锯鱼在生殖上的成功主要决定于雌鱼的产卵量，而不决定于雄鱼的精子生产量。因此，只有当最大的个体是雌鱼时才对两性最为有利。在这种情况下，最好的对策便是双锯鱼在小个体时表现为雄性，待长大后再转变为雌性。据研究，双锯鱼的这种性别转变也是受环境控制的：如果把雌鱼拿走，失去配偶的雄鱼便会与一个比它更小的雄鱼相结合，而自己则改变性别，转变为雌性并开始产卵。就这样，通过性别转变，一个新的家庭就建立起来了。

对动物变性的研究

有人对鱼类的变性之谜进行了研究，认为鱼类改变性别的目的，主要是为了能够最大限度地繁殖后代和使个体获得异性刺激。美国犹他大学海洋生物学家迈克尔认为，在一种雌鱼群

或一种雄鱼群中，其中个头较大者，几乎垄断了与所有异性交配的机会。当雌鱼较小的时候，能保证有交配的机会，待到长大时，就变成雄性，便又有了更多的繁育机会。与性别不变的同类相比，它们的交配繁育机会就相对增加了。

同样，在从雄性变为雌性的鱼类中，雌鱼的个体常大于雄体。雄鱼虽小，但成年的小雄鱼所带有的几百万精子，足够使大的雌鱼所带的卵全部受精。另外这些雌鱼与成熟的无论个体大小的雄鱼都能交配。

因此，它们小一点的时候是雄鱼，长大以后变雌鱼，便得到双重交配的机会，而且与那些从不变性的鱼类相比，又多产生一倍的受精卵，这对繁殖后代大有益处。

性别转变现象可以说是行为生态学中最有趣、最奇异的现象之一。在动物界里频频发生的性变现象，至今仍没有一个令人满意的、科学的解释，还需要人类进一步地研究、探索。

拓展阅读

我们常见的黄鳝在青春年好时节，十有八九为雌性，产卵之后转为雄性；生活在美国佛罗里达州和巴西沿海的蓝条石斑鱼，每当黄昏之际，雄性和雌性的蓝条石斑鱼便发生性变，甚至反复发生5次之多。

动物预感之谜

海啸中奇迹生还的动物们

2004年12月26日圣诞节翌日，一场史无前例的海啸席卷印度洋沿岸各国，数十万生命瞬间被吞噬，昔日的椰风海韵顿时成为人间炼狱，遇难者的尸体布满海滩。为了统计在海啸中印度洋沿岸的野生动物损失情况，一些动物观察家来到了斯里兰卡。让他们吃惊的是，在一个面积约1000平方千米的动物自然保护区里，横七竖八躺在泥泞当中的都是人的尸体，而没有一具动物的尸体。

不仅如此，早在海啸发生的前两天，一些深海鱼类也出现了集体大逃亡的现象。据马来西亚库洼拉姆达海啸灾区的渔民报告说，当时有很多的海豚游到离海滩非常近的地方，而且纷纷跃出海面摆动尾巴。在海啸发生的前3天，当地渔民捕获到的鱼的总量是以前的20倍，这可

是一个相当惊人的数字。可正当人们为这难得的"丰收"庆祝时，海啸就来临了。

一个美联社的记者在海啸发生时，正好乘坐直升机飞在斯里兰卡一个小岛的上空采访。据他后来回忆说："当时无数只蝙蝠在岛上的岩洞里栖息，它们白天进洞睡觉，夜晚才出来活动。但是海啸发生的那天早晨，蝙蝠全从岩洞里飞了出来。"

动物的异常表现

据史料记载，1971年地震前夕，人们在圣·弗兰西斯科的都市大街上曾经看到过从街区逃来大群大群的老鼠。不仅是老鼠，其他动物似乎也具有这种神奇的本领。

1853年查乐斯·达尔维乘"比格利号"船在南美洲海岸航行时，突然发现海鸟大群大群地升空，匆匆往大陆纵深处逃离，正当他为这罕见的景观惊叹时，历史上著名的智利地震发

生了。

1969年，有一天，塔什干地区动物园里的老虎、狮子前所未有地坚决拒绝进入兽舍，放弃了舒适的床铺的兽中之王们，宁愿待在露天土地上过夜，这让在场的所有饲养员们大惑不解，几天后塔什干发生地震，结果这些动物们因为睡在露天土地上，在灾难来临之际幸免于难。

1975年2月，在我国的辽宁省海城发生了一次7.4级的大地震，在这个地震发生之前就有人观察到，有一些动物出现了反常现象。

当时正值隆冬季节，原本冬眠的蛇却突然都醒了，总共有上百条的蛇在路上到处爬，有的是爬到屋里面，有的甚至都爬到井里去了。

　　河北省唐山市殷各庄公社大安各庄李孝生养了只狼狗，那一夜死活不让他睡觉，狗叫不起他，便在他的腿上猛咬了一口，这下可够狠的，疼得李孝生当时就蹦起来了，提上鞋就去打狗，边跑边琢磨，这狗今儿是怎么啦？李孝生犹豫了一下，可就这么会儿工夫，四周突然摇晃起来，震惊世界的唐山大地震爆发了。

　　丹麦的一个女主人领着自己心爱的猎犬出门散步，走了没有多久，爱犬竟然死也不肯再向前一步，主人怎么劝说都没有用，只好悻悻而归，一路还在奇怪自己的宝贝怎么会变成这样。可没想到等他们到家后一个小时，天空开始出现电闪雷鸣，过了3个小时，狂风暴雨骤然而降，这令女主人震惊不已，望着爱犬说不出话来。

科学家的不同观点

　　有人认为这只是一种巧合。这些动物行为之所以被称为异常，是因为在某地某时比较罕见。但是一旦把观察范围扩大到整个城市辖区内，把时间范围扩大到一、两个月，针对的又是多达上百种动物的无数个体，那么异常行为就变得常见了。如果没有地震发生，这些异常行为不会有人长久记得；但是在地震发生之后再回头去回忆，就总能发现动物异常行为的案例。

这能证明这些动物异常行为与地震有关吗？不能。

有许多更为常见的因素能让动物行为出现异常：饥饿、发情、遇到天敌、保护领地、受到惊吓、气候变化等。如何证明震前动物异常行为不是这些更为常见的因素引起的？

大地震前，家禽、家畜、鱼类、鸟类、穴居动物等都普

遍有异常反应。其中，穴居动物反应最灵敏，反应时间最早，有的在震前几天，甚至一个月前就出现异常；而老鼠的异常在动物中最普遍，反应敏感性高，时间最早；大牲口则比较晚，往往临震才有反应；虎皮鹦鹉在震前10天以内也会出现异常行为，北京工业大学地震研究组就曾根据其跳动频度的相对值来预报地震，并取得过几次成功。

　　动物预感是否真的存在？在历经上亿年的进化过程中，为何每当灾难来临，总有物种能奇迹般地生还？在印尼海啸、唐山地震等一次次的灾难来临前夕，动物的反常行为告诉了我们什么？

拓 展 阅 读

　　鉴于动物对灾害的特殊敏感性，我国在20世纪70年代就利用观察动物来预测过地震，其中最有名的当属预报海城地震。时至今日，仍然有不少民间组织坚信动物可以预测灾难，为此他们养了大量的动物，并加以观察。

动物真的有思维吗

动物的喜怒哀乐

动物也和人一样，有着表达感情的喜怒哀乐，甚至也会做出和人一样的行为。

欧洲有一种叫白头翁的鸟，雄鸟从远方归来时，常常给未婚妻带来一枝艳丽的鲜花，以表示对爱情的忠诚。

巴西有一种性情温和的稀有动物——狮子麒，在自己的主人被杀害后，它竟会为自己的主人报仇。

西伯利亚的灰鹤，有着奇特的葬礼风俗：它们哀叫着伫立在已死的灰鹤跟前，突然头领发出一声尖锐的长鸣，顿时其他灰鹤便默不作声，一个个脑袋低垂，表示沉痛的悼念。

燕鸥在举行婚礼之前，雄燕鸥总要叼着一条小鱼，轻轻放在雌燕鸥身旁。对方收下这份聘礼后，便比翼双飞了。

猩猩的计谋

有许多动物在觅食时非常狡猾，如果你仔细观察一下，一

定会大开眼界。

美国威斯康星州灵长类研究中心的工作人员，做了一项有趣的实验：故意让一只小黑猩猩，独自看到工作人员在园中某处埋下葡萄，接着再把它的几十个同伴放到园区。

知情的小黑猩猩与同伴同行时，会装着若无其事的样子。

3个小时后，等同伴们全睡着了，它才悄悄起身，摸黑来到"藏宝处"，神不知鬼不觉地挖出葡萄，吃个精光。

这个小黑猩猩机灵得很，它知道如果当着大伙的面挖葡萄，也许就没有自己的份了。

狮子的策略

在肯尼亚原始森林里，有人发现4只母狮联手出击。两只母狮高高地立在土岗上，有意让猎物知道这儿有恶狮，此路不

通。第三只母狮钻进草丛，神秘地向猎物潜行，而第四只母狮则从另一个方向咆哮而出，虚张声势地试图把惊慌失措的猎物赶向设有埋伏的草丛。受惊中的猎物眼看三面被围，便拼命向草丛奔去，这可中了恶狮的计。

恶狮毫不费力地咬住了送上门来的美食，然后狮群一拥而上，狼吞虎咽地分享起来。

复仇的大象

象的复仇心很强。有一家动物园里的雄性大象因不听话而被饲养员打过，它记恨在心，伺机复仇。有一天机会终于来了，它拉了一堆粪便，饲养员看见后立即拿扫帚簸箕进去为它打扫，它趁机用长鼻将饲养员顶死。

非洲的一头小象亲眼看到自己的母亲被猎人杀死，自己也被捕捉卖到马戏团里当了"演员"。

它渐渐地长大了，但杀害母亲的仇人却一直没忘。它利用每场演出绕场的机会巡视着观众。有一天，当它绕场时终于发现了那个仇人，便不顾一切地冲到观众席上，用长鼻将仇人卷起摔死在地上。

动物表达情绪

一些较高级的哺乳动物，有类似的举动我们可以理解，而鸟类、蚁类的做法，便令人不解了。

它们没有思维，靠本能来生活，而爱和哀是一种情绪反应，这也是本能吗？鸟类用不同的方式表达感情，为什么与人的表达方式如此相像呢？

有人说，这些动物可能与人有着或近或远的亲缘关系，不然它们不会有人那样的情感，但这只是人们的一种猜测。

究竟是什么原因让这些动

物们有如此强烈的情绪表达，有关动物专家正在进行不懈地研究，相信不久的将来，这些有趣的动物之谜一定会大白于天下。

拓 展 阅 读

一个人养了一条蛇，一起生活了3年，结果这个人因为疾病死去了，而那条蛇就守在主人身边不肯离去，外人靠近的时候它就表现得非常愤怒，而当人们把它制住并带走的时候，那条蛇竟然哭了！

动物为什么要杀婴

动物杀婴发生频繁

动物学家几十年野外工作取得的资料表明，野生动物中杀婴现象经常发生。动物杀婴的死亡率，比人类的谋杀和战争造成的死亡率还高。

因此，当近10年来有关动物杀婴的报告开始频繁地出现

时，许多科学家都对此感到困惑。围绕动物杀婴的原因，动物学家、人类学家以及社会生物学家们展开了激烈的争论。

猩猩为何虐待小崽

猩猩力大无穷，可以说，在动物世界里，大猩猩是人类的近亲。凡是生活在动物园里的大猩猩，人们都让它们成双成对，以便繁衍后代，可大猩猩却很不配合。

在北京动物园里，有一次，一只雌猩猩生了一只小崽，开始时它对小崽还算爱护。可是一周之后，它不但不给孩子喂奶，还经常耍弄小崽，时不时把小崽举起来使劲摇，吓得小崽"嗷嗷"直叫，没过多长时间，小崽就被折磨得骨瘦如柴。管理人员只好把它们隔离开，对小崽进行人工饲养。

科学家的猜测

大猩猩为什么要如此虐待自己的孩子呢？难道是因为小崽妨碍了它的活动吗？还是因为雌猩猩缺乏某种营养而疲劳过度，力不从心所致？或者是因为生的是第一胎不会抚养小崽？

这其中的奥秘，还有待于科学家的进一步探索和研究。

对动物杀婴的分析

以美国伯克利大学的人类学家多希诺为代表的一些学者认为，杀婴是由环境拥挤造成的一种压迫效应。

野外条件下，一些较高等的社群动物如猩猩、狒狒和猴子，在发生种内冲突时，也常杀戮幼体。当种群密度升高，食物供应不足时，淘汰幼体是为了减少对食物的竞争。黑猩猩会咬死并吃掉非亲生的幼体；姬鼠会咬死企图吃奶的病弱幼体；

黑鹰会啄死孵出的第二只雏鸟。

多希诺还指出，动物在受到惊扰、威胁或嗅到特殊气味时，也会杀婴的。如母兔在刚产下幼兔时，受到外界惊扰就会吃掉幼兔。

另外一种观点认为，杀婴是一种结偶生殖的需要。持这种观点的日本京都大学的动物学家杉山，美国生物人类学家联合会的一些科学家、卡里索克研究中心的迪安·福西等，他们提出了一种生殖优性假说。

杉山曾长期研究长尾叶猴的野外生活。杉山发现，在一个由1只至3只成年雄猴为头领、带领25只至30只个体的猴群中，

年轻雄猴在登上首领宝座，接管一个种群时，会杀死几乎所有未断奶的幼猴。

他们认为，接管种群的新雄体杀死未断奶的幼猴，是为了更快地得到自己的子孙。因为一般哺乳动物在授乳期不发情，杀死幼猴可促使母猴早发情，从而早生育新头领的子孙后代。

因此，这种表面看来有害的破坏行为，除了使新头领得到利益外，对整个种群可能仍是一种生殖上的进步，即使被杀婴的母兽，也往往能从自己子孙后代的死亡中受益。当被屠杀幼仔的场面惊扰后不久，通常母兽就与杀婴凶手结偶。这些地位较低的雌体，会通过与新头领结偶而获得较高的地位，得到较好的食物和较多的保护，它的后代会受到保护而不致被杀。

还有一种观点认为，动物的嗅觉灵敏性远远胜过人类，而

嗅觉辨认是母子相认的关键因素。有实验证明，非亲生的幼兽由于身上的气味与母兽气味不相投，不仅得不到母兽照顾，反而会遭到攻击。

但若用母兽的尿液涂抹在非亲生甚至不同种的幼仔身上，母兽则会把它们当做自己亲生孩子般地照料，因为其身上的特殊气味与母兽气味相投了。

实际上，动物园里就常用这种办法让哺乳期的雌狗给刚生下的小老虎和小狮子喂奶。相反，如果母兽自己的亲生孩子身上带有特殊气味，这气味与母兽气味不相投，则会导致母兽不认自己亲生孩子的现象。例如某些啮齿类的幼鼠如果被人用手摸过，母鼠不久就会将带有异味的幼鼠咬死，甚至吃掉。可见，特殊的气味是动物母子联系的纽带，"嗅味不相投"是导致动物杀婴现象的原因之一。

事实上，动物借助于气味联系形成的纽带对于动物个体生存与种族繁衍具有积极的意义。

一方面，幼仔可以通过这种气味信息与自己的亲代相互辨认，并得到亲代的保护与喂养，获得生存机会；另一方面，它可以使幼兽形成早期印象，甚至在成年之后还会根据这种早期印象寻找自己的同种配偶，以便防止种间杂交。动物正因具备这一系列本能才有可能在复杂的生存竞争中被自然选择保留下来。因此"嗅味不相投"导致动物杀婴现象，就不足为奇了。

科学不断进步

但以上假说证据不足，因为有些动物如兔、绒鼠、袋鼠、

黄麂等产后即会发情；而且对于雌体杀婴以及鸟类、鱼类中的杀婴，很多原则都无法解释。因此以上假说都有明显的局限性，动物杀婴的原因究竟何在，还是个待揭之谜，希望科学家们的努力探索与研究能早日解开这个谜。

拓 展 阅 读

生活在广西南部亚热带植被繁茂地区的一种白头叶猴，其成年以后，如果在其他猴群争得猴王地位，就会将其强占的母猴的婴孩全部杀掉，使这些失去着小猴的母猴尽快和它交配繁殖，以繁衍自己的后代。

动物为什么要冬眠

动物冬眠的现象

　　一些不耐寒的动物，经常用冬眠度过寒冷的季节，这已经成为它们的一种习性。每年霜降前后，气温就逐渐降低，池塘中的蛙鸣便消失了；长着肉翅膀的蝙蝠倒挂在阴暗的屋梁或洞壁上，开始它的长睡；鼹鼠、仓鼠、穴兔、刺猬等也躲入洞穴，进入一种不吃不动的休眠状态。

此时，休眠动物的体温不断下降，直至同气温接近，呼吸和心率极度减慢，机体内的新陈代谢作用变得非常缓慢，降到最低限度，仅仅能够维持它的生命。

不同动物的冬眠

然而，热血动物与冷血动物的冬眠是不同的。冷血动物的体温，取决于外部的环境，它们体温的升高或降低完全是被动的。而热血动物的冬眠，则能把自己的体温精确而有目的地加以控制。它们能够逐步降低体温，一直降至一定的限度，进入冬眠状态。当它们出眠时，便把制造热量的器官充分调动起来，在几小时内便可把体温恢复到原有水平。

这种热血冬眠动物所具有的制造热量、补偿体温消耗和保持恒温的高级、复杂的生理现象，引起了科学家的注意，于是他们做了许多研究。但迄今为止，有关动物冬眠的诱因和生理机制还是各有各的说法。

动物冬眠各具特色

在加拿大，有些山鼠冬眠长达半年。冬天一来，它们就掘好地道，钻进穴内，将身体蜷缩一团，呼吸由逐渐缓慢到几乎停止，脉搏也相应变得微弱，体温直线下降，可以达到5摄氏度。即使用脚踢它，也不会有任何反应，简直就像死了一样。

松鼠睡得更死。有人曾把一只冬眠的松鼠从树洞中挖出，无论怎么摇它的头，它始终不睁开眼睛。把它摆在桌上，用针刺都刺不醒。只有用火炉把它烘热，它才悠悠而动，而且需要经过很长的时间。

刺猬冬眠时简直连呼吸也停止了。原来，它的喉头上有一块软骨，可将口腔和咽喉隔开，并掩紧气管的入口。生物学家曾把冬眠中的刺猬放入温水中，浸上半小时，才见它苏醒。

蜗牛是用自身的黏液把壳密封起来。绝大多数的昆虫，在冬季到来时不是"成虫"或"幼虫"，而是以"蛹"或"卵"

的形式进行冬眠。

　　动物冬眠的姿势也各不相同。蝙蝠往往在屋梁上或山洞顶部的隐蔽处，把身体倒挂着呼呼熟睡；刺猬、松鼠和狗獾等在洞穴或窝巢中抱头大睡；石头下、枯叶堆、树洞里，都可以成为蜥蜴的冬眠场所；蜗牛则躲藏在石缝或枯叶间，连自己的壳也封闭起来，只留一个小孔供呼吸用。

生理学家的观点

　　行为生理学家把引起动物特有行为的外界信号称为刺激。外界刺激越多，内部本能的适应能力越强。因此，他们认为动物冬眠主要是外界刺激所致。

　　这个刺激主要来自两方面：一是环境温度

的降低；二是食物不足。上述观点遭到许多人的反对，他们的理由是人工降温并不能保证所有的冬眠动物都入眠，而且不少冬眠动物每到冬季就会自动停止或拒绝进食，并非是食物不足。

科学家们的探索

科学家们用黄鼠进行试验。他们从正在人工条件下冬眠的黄鼠身上抽出血液，注射到活蹦乱跳的、生活在盛夏的黄鼠静脉中，后者随即进入了冬眠状态。这表明，正在冬眠的黄鼠的血液中，可能存在一种会诱发冬眠的物质。

1983年，有科学家从松鼠脑中抽提了一种抗代谢激素。当把这种激素注射到无冬眠习性的小鼠身上时，会明显降低它的代谢率，体温也降至10摄氏度左右，由此可见，激素代谢也可能是诱导冬眠的另一途径。最近，又有科学家从动物细胞膜上

的变化这一新角度探讨了动物冬眠机理。但细胞膜变化与神经传导如何联系、作用，细胞膜变化是否真是冬眠的关键因素还有待研究。总之，要解开动物冬眠之谜，还有待于人们努力探索。

拓 展 阅 读

　　昆虫学家通过长期的观察和研究，查明了昆虫越冬的部分奥秘。冬天，为了防止汽车散热器结冰，人们要加入防冻液。昆虫竟然也会采用相似的办法，在严寒的冬季保护自己。昆虫是怎样制造防冻液的，目前还没有答案。

动物躯体再生之谜

动物躯体再生的含义

适者生存，不适者被淘汰，这就是生物的进化规律。在这无情的生存竞争中，生物具有了各种各样的本领。其中有一部分生物为了保全生命，暂且舍弃身体中的某一部分。不过，舍弃的那一部分还会重新长出来的。我们把这种现象称之为动物躯体的再生。

章鱼遇险自救的方法

章鱼也有自断其腕的本领。平时章鱼的腕手是很结实的，

当某只腕手被人抓住时，这只腕手肌肉会痉挛地回缩，像被刀切一样地断落下来。

掉下来的腕手不断蠕动，还会用吸盘吸在某种物体上，当然这只是障目法。

章鱼断肢一般是在整个腕手的4/5处，它的腕手断掉后，血管极力收缩，自身闭合，避免伤口处流血。

自行断肢6小时以后，血管开始流通，血液渐渐流过受伤的组织，结实的凝血块将尚未愈合的腕手皮肤伤口盖好。第二天伤口完全愈合以后，开始长出新的腕手，一个半月后，即可长到原长的1/3。

海星的再生能力

海星长得像一个五角星，进餐时，它先将贝类包住，然后从口中翻出胃来，并从胃里分泌出一种液体，使贝类麻醉而张开贝壳，接着，就可美美地吃掉贝类的肉了。因此，养殖贝类的渔民们往往想方设法消灭海星。

　　起初，他们以为只要把海星撕碎就可以消灭它们，没想到海星繁殖得更多了。这到底是怎么回事呢？

　　原来，海星的再生功能很强。因为它们行动又笨又慢，所以常常会被鱼、鸟撕碎，这种再生的本领就是它防御和繁殖的手段。海星只要还有一个腕，过了几天就能再生出4个小腕和一个小口，再过一个月时间，旧腕脱落，又再生一个小腕，于是，一个五腕的海星得以重现。再生能力如此强。让人们惊叹不已。

各种动物的再生本领

　　壁虎在处于险境时，可以折断尾巴，利用扭动的尾巴来迷惑敌人，自己则逃进洞穴，过后，一条新的尾巴又会从折断的地方长出来。

　　兔子也有它独特的再生本领，当狐狸咬住兔子肋部时，它就会弃皮而逃。兔子的皮跟羊皮纸一样薄，被扯掉皮的地方一点儿血也没有，并且伤口处会很快长出新的皮毛。

还有样子像小松鼠的山鼠，一旦被猛兽咬住尾巴，毛茸茸的尾巴很易脱落，会秃着尾巴逃跑。据说黄鼠、金花鼠也都有这样的绝技，并且又都具有再生的本领。

海参遇险时，可以倾肠倒肚，把内脏抛给"敌人"，留下躯壳逃生，过不了多久，它又再造出一副内脏。

海绵是动物界的再生之王，是最原始的多细胞动物，它的再生本领是无与伦比的。

若把海绵切成许许多多的碎块，抛入海中，非但不能结束它们的生命，相反它们中的每一块都能独立生活，并逐渐长大形成一个新海绵。

即使把海绵捣得稀烂，在良好的条件下，只需几天的时间也能重新组成小海绵个体。

对动物再生能力的研究

研究动物的再生能力，无疑对探讨人的肢体再生途径有很大的启发。

美国的贝克尔在研究中发现，蝾螈被截断的肢体在未复原时，会产生一种生物电势，这种电势逐渐增强，仿佛由于电流输送了一个信息，而使残肢末端的细胞分裂，形

成新的组织，最后长成新的肢体。

　　而不能再生失去肢体的青蛙，就不能产生这种电流。

　　贝克尔还把老鼠前腿的下部切断，并让电流从此通过。实验的结果是失去的肢体开始复原了。

　　有研究显示，通过分化产生的间质细胞的分化潜能是有限的，大多只能重新分化为原来类型的细胞。

　　例如，肌细胞去分化后产生的间质细胞能再分化为肌细胞而不能分化为软骨或表皮，软骨细胞去分化后可再生为软骨细胞而产生肌细胞，血管内皮细胞去分化后产生的间质细胞只能再分化为血管内皮软骨细胞，皮肤细胞去分化后可分化为软骨细胞但不能分化为肌细胞等。

　　蝾螈肢体截肢后再生过程中最奇妙的现象是，再生只重新长出被截除的所有区域，而不会长出未被截除的区域。

　　例如，从臂区截肢，则会依次再生出截口以外的肢体部分；如果从腕区截肢，则再生出掌指区。

　　显然，肢体沿着自身轴线存在着特殊的位置信息，这种位置信息可以被肢体自身所识别。

　　研究发现，并非所有类型的细胞都承载了位置信息，如软骨细胞含有位置信息，而神经髓鞘细胞不含位置信息。但这一理论只是动物躯体再生的一个小小的方面，并不能适用所有的有再生能力的动物。所以说我们并没有完全揭开动物再生之谜。

拓 展 阅 读

　　在动物世界中，鹿是唯一能再生完整的身体零部件的哺乳动物。螃蟹也是具有再生能力的动物，螃蟹在双方交锋时，只要对方略加反抗它就生怕丧命，赶快弃足而逃。如果螃蟹的眼睛掉落了，还能再长出眼睛来。

动物是怎样自杀的

蝎子的自杀行为

常言道："人为财死，鸟为食亡。"按常理，轻生之举跟鸟类无缘。因为在我们的印象当中它们都是些活泼开朗、能歌善舞的乐天派，怎么可能自寻死亡呢？

动物学家研究发现，无论是在自然条件下，还是在实验条

件下，蝎子对火都非常恐惧。如在野外发现火，它们便躲在碎石下、树叶下或土洞中不出来。要是大火把它们团团围住，便只见它们弯起尾钩，朝自己背上猛刺一下，然后便软瘫在地上，抽搐着死去。

自寻死路的青蛙

在美国的夏威夷檀香山附近，有一个小镇，这里以高超的烹食青蛙的手艺而出名。故事发生在1993年初，成千上万的青蛙前呼后拥，冲进了这个小镇。每到夜里，镇里到处蛙声阵阵，吵得居民无法入睡。青蛙还会往屋里跳，进屋之后，不是叫个不停，就是往火坑里跳，或者往碗里、盆里、床上、家具上、衣柜里乱钻乱蹦。整个小镇已经成了青蛙的世界，没有一处安静之地。交通也被堵塞了，前面的死了，后面的又拥了上

来。它们并不向人进攻，只是自寻死路。

　　青蛙的到来，又引来了无数吞食青蛙的毒蛇，这给小镇带来了意想不到的灾难。当地政府不得不派出人员，一方面清理死去的青蛙，一方面消灭毒蛇。就这样，足足一个多月，才逐渐平静下来。可是从此以后，这里再也没有出现过一只青蛙。就在这一年里，在这个镇的百里范围之内，连连不断发生虫害，毁坏了大批果树和庄稼。而死青蛙给这个小镇带来的臭气，也久久不能散去，也就再没有游客光顾这个小镇了。

　　令人困惑不解的是，发生的所有这一切，到底是怎么回事呢？至今人们对此仍然百思不得其解。

鸟儿的自杀行为

　　一件怪事发生在印度北部的一个小村镇。一个风雨交加的晚上，一些村民正打着火把，焦急地寻找一头失踪的水牛。忽然发现大群的鸟儿迎着火光飞来，纷纷落在地上。

由于这里粮食不足，村民们经常挨饿，见到这些送上门来的鸟儿自然惊喜万分，可以美餐一顿。打这以后，每逢刮风下雨的晚上便有村民打着火把，在院子里坐等飞鸟送上门来。

对鸟自杀的研究

近年来，印度动物研究所和阿拉姆邦林业局，为了揭开鸟类的自杀之谜，在村庄附近设立了一个鸟类观察中心，修建了一座高高的观察塔。他们收集到飞来这个村庄寻死的鸟，共有将近20种，有牛背鹭、王鸠鸟、绿鸠鸟、啄木鸟和4种翠鸟，还有许多叫不出名的鸟类。另外，观察中心还在这里修建了鸟类图书馆和饲养场，把飞到这里的活鸟弄来饲养。奇怪的是前来寻死的鸟拒绝进食，两三天内便都死了。有人认为这种

现象可能与这里的地理位置有关。黑暗、浓云密雾、降雨和强烈的定向风，是这些鸟类诱光的条件。那么，这些鸟都是从哪里来的呢。只因诱光，便非得集体与火同尽？更有那些自寻而来的鸟为何拒绝进食？

寒鸦集体自杀

2011年1月5日，在瑞典斯德哥尔摩的一条街道上发现了100多只寒鸦的尸体。专家接到报告后，专门对这些神秘死亡的寒鸦进行了检测。检查后发现，这些死鸟中有的被车撞过，其余的没有明显的伤痕。

瑞典官方兽医对当地电台表示，这种情况非常少见，可能是疾病或者中毒所致。兽医称，4日晚上事发地曾燃放过焰火，寒冷的天气和难以找到食物也可能这些寒鸦聚集至此并是死亡的

原因。

　　动物自杀的现象已持续将近百年，但无人知晓是什么原因。虽然这种现象早已吸引了有关专家的注意，但至今仍无令人信服的权威性答案。看来解释动物自杀现象的科学谜底，只有待动物学家们去探索了。

拓 展 阅 读

　　在巴西巴拉那瓜海岸附近，科学家发现了至少100吨死去的沙丁鱼、大黄鱼和鲶鱼。1963年，日本新潟县阿贺野川流域出现了大批自杀猫。到次年8月，当地90%以上的猫都自杀了。近些年来，在英国、冰岛、丹麦、挪威、芬兰、日本、新西兰等国沿海也发现了成批已死或半死的大王乌贼。